U0223951

Investigation on Structural Behaviour of
Open Sandwich Steel Plate-Concrete Composite Slabs

单面钢板－混凝土组合板的
受力性能研究

吴丽丽 ◎ 著

中国建筑工业出版社

图书在版编目（CIP）数据

单面钢板-混凝土组合板的受力性能研究/吴丽丽
著. —北京：中国建筑工业出版社，2017.11
ISBN 978-7-112-21314-6

Ⅰ. ①单… Ⅱ. ①吴… Ⅲ. ①混凝土结构-钢梁-
组合结构-受力性能-研究 Ⅳ. ①TU398

中国版本图书馆 CIP 数据核字（2017）第 248814 号

本书是作者多年的相关科研课题的研究总结，原创性高，书中的观点
独到。全书共包括：第1章概述；第2章钢板-混凝土组合板的弹性剪切
屈曲性能研究；第3章单面钢板-混凝土组合板的受弯承载性能及变形分
析；第4章钢板-混凝土组合板的受剪承载性能研究。

本书适合建筑结构专业的科研人员、设计人员以及高校的师生阅读
使用。

责任编辑：张伯熙
责任设计：李志立
责任校对：王宇枢　李欣慰

单面钢板-混凝土组合板的受力性能研究
吴丽丽　著

*

中国建筑工业出版社出版、发行（北京海淀三里河路9号）

各地新华书店、建筑书店经销

霸州市顺浩图文科技发展有限公司制版

环球东方（北京）印务有限公司印刷

*

开本：787×960 毫米　1/16　印张：10　字数：177 千字
2018 年 4 月第一版　2018 年 4 月第一次印刷
定价：**55.00** 元
ISBN 978-7-112-21314-6
（31038）

作者简介：

　　吴丽丽，清华大学博士，博士后。自 2009 年开始在中国矿业大学（北京）任教，于 2010 年晋升为副教授。2015～2016 年间在美国加州大学洛杉矶分校做访问学者，现任中国矿业大学（北京）建筑工程系主任兼党支部书记，同时也是中国钢结构协会结构稳定与疲劳分会理事。近年来主要致力于钢结构稳定、建筑幕墙柔性支撑体系的抗风性能、钢-混凝土组合结构的受力性能、地下工程软岩支护结构以及装配式结构等相关领域的研究。先后主持了 1 项国家自然科学基金（青年基金）项目、2 项面上基金项目、中国博士后科学基金和博士后基金特别资助等多项纵横向课题的研究；在外文刊物、国内核心期刊和国内外学术会议上以第一、第二作者共发表论文 60 余篇（其中 SCI 收录 5 篇，EI 收录 25 篇），并以第一发明人获国家发明专利 5 项、实用新型专利 9 项，已出版专著一部，参编国家规范《钢筒仓技术规范》GB 50884。研究成果获得省部级科学技术二、三等奖 3 项。

前　言

　　钢-混凝土组合结构是在钢结构和钢筋混凝土结构基础上发展起来的一种新型结构，它利用了钢结构和混凝土结构的优点，以达到充分利用材料特性的目的。经过几十年的研究及工程实践，钢-混凝土组合结构已经发展成为既区别于传统的钢筋混凝土结构和钢结构，又与之密切相关和交叉的一门结构学科，其结构类型和适用范围涵盖了结构工程应用的各个领域。由于组合概念的应用非常广泛灵活，既可以包括不同材料之间的组合作用，也可以包括不同结构体系之间的组合作用，因此在实践和研究中产生了多种组合结构类型。目前钢-混凝土组合结构的主要形式包括组合梁、组合楼板、组合桁架、组合柱等组合承重体系以及组合斜撑、组合剪力墙等组合抗侧力体系，应用领域包括高层及超高层建筑、大跨桥梁、地下工程、矿山工程、港口工程以及组合加固和修复工程等。迄今为止，国内外学者对组合板、组合梁、型钢混凝土结构、钢管混凝土结构等已进行了许多深入细致的理论分析和试验研究工作。钢-混凝土组合板是最基本的组合结构类型之一，它最早应用于欧美国家的建筑结构领域。当时主要把压型钢板作为浇筑混凝土的永久性模板及施工操作平台，并能多层立体作业，加快施工进度。钢板-混凝土组合板近年来在建筑及桥梁领域逐渐受到关注。它是指在预制成型的钢板上熔焊栓钉抗剪连接件，在栓钉上部设置钢筋网，然后浇筑混凝土，通过栓钉抗剪连接件将钢板与后浇混凝土组合成整体，混凝土可充分发挥其抗压性能，钢板可抵抗底板平面内各个方向的拉应力，栓钉起到传递钢板与混凝土板之间的剪力且防止二者分离的作用。它的构造简洁，形式合理，施工经济快捷，无支模工序，易于满足桥梁的平面形状要求，抗裂性能及抗震性能较好，目前正逐渐广泛运用于建筑及桥梁结构的新建、加固与改造中，并显示出良好的应用前景。但是当前对于它的理论研究工作还远远滞后于工程实践，国内外目前尚缺乏相关的研究成果和专门针对这种组合板的设计方法，对其稳定问题、破坏机理和受力性能还缺乏深入的认识。根据初步分析，钢板-混凝土组合板研究仍存在诸多亟待解决的问题，例如：钢板-混凝土组合板的稳定性能；钢板-混凝土组合板的抗弯性能、抗剪性能及设计计算方法；钢板-混凝土组合板的刚度、变形性能及计算方法等。针对上述问题，本课题组综合运用数学、力学和现代试验技术及计算分析手段，对钢板-混凝土组合板的基本受力性能和设计方法开展研究，建立了一些实用的设计计算方法，研究成果丰富了组合板构件的设计内容，将有助于促进这种组合板技术的推广应用，期望对我国建筑、桥梁结构领域组合结构的发展提供参考。

作者及其课题组完成的工作和取得的主要成果如下：

（1）钢板-混凝土组合板的整体和局部屈曲性能研究方面。主要包括以下内容：①通过理论分析、有限元和数值计算，建立了防止钢板-混凝土组合板发生整体和局部弹性屈曲的分析模型，并对其关键参数进行了分析，给出了可供设计参考的混凝土板最小厚度、栓钉最大间距等实用计算公式。②在保证栓钉所连接的钢板不发生局部屈曲的前提下，根据夹层板理论，通过在钢板与混凝土板之间设置假想的剪切薄层，模拟钢板-混凝土组合板界面滑移效应，建立考虑滑移效应的组合板分析模型，推导出四边简支矩形组合板在均匀受剪状态下的整体弹性屈曲方程。③分析表明，当剪切刚度较小时，组合板的剪切屈曲荷载增长速度较快，随着剪切刚度的增大，剪切屈曲荷载的变化逐渐趋于平缓，并接近完全剪力连接组合板的屈曲值。④通过参数分析拟合了防止完全剪力连接四边简支组合板发生整体屈曲所需混凝土板的最小厚度计算公式，可供工程设计参考。⑤采用有限元计算方法，在混凝土板具有足够厚度以保证组合板不发生整体屈曲的基础上，通过模型参数分析，研究钢板-混凝土组合板在纯剪切作用下发生局部屈曲的特征，建立具有典型边界条件的单块钢板计算模型来近似模拟组合板中钢板的局部屈曲特性；利用该钢板模型的屈曲荷载与组合板中钢板局部屈曲荷载的数值关系，推导出四边简支组合板栓钉连接最大间距的计算公式，计算结果略偏保守。

（2）钢板-混凝土组合板的受弯性能和变形分析方面。主要包括：①先后开展了两批试件（5个组别）共11块钢板-混凝土组合板的静力加载试验。第一批4组9个试件的试验结果表明，破坏方式主要有钢板剥离破坏、混合破坏、剪切破坏三种。通过栓钉作为抗剪连接件，钢板与混凝土板能够有效地形成组合截面共同工作，在加载的过程中，截面纵向应变沿板件高度基本符合平截面假定，剪力连接程度、混凝土板厚度对组合板承载力的影响比较大，而钢板厚度的变化对其影响较小。第二批2个试件增加了试件的跨高比的变化因素，进行截面弯剪验算，以求试件呈现弯曲破坏。通过观察钢板-混凝土组合板在弯曲破坏下的受力特性，从中总结出相应的特征和规律。②利用有限元软件 ANSYS 对钢板-混凝土组合板进行了有限元分析，模拟了构件加载的全过程，对影响钢板-混凝土组合板性能的主要参数进行了分析，包括栓钉间距、钢板厚度、混凝土板厚度、剪跨比、试件的长宽比。分析结果表明，提高剪力连接程度可以使钢和混凝土的材料性能得到充分发挥，组合板的抗弯承载力随着钢板厚度、混凝土板厚度的增大而增大；加载点越靠近支座，组合板的长宽比越小，组合板的抗弯承载力越大。截面分析法对于分析完全剪力连接的钢板-混凝土组合板效果良好。③分析了钢板-混凝土组合板受弯时交界面的滑移情况，建立了界面剪力的函数，进而推导了跨中挠度的计算公式；分别从截面分析、折减刚度系数和《混凝土结构设计规范》GB 50010 等不同角度探讨了钢板-混凝土组合板的抗弯承载力计算方法，并将计算结果与试验值进行了对比。④试验结果表明，钢板-混凝土组合板在受到弯曲荷载作用下的破坏模式主要有钢板剥离破坏、弯剪破坏、剪切破坏和弯曲破坏四种。从钢板-混凝土组合板截面抗弯及抗剪承载力的角度出发，通过变化试件的剪跨比，进行大量的数值计算，总结板件的破坏模式，分别找出跨中单点加载以及跨中两点加载的情况下剪跨比对钢板-混凝土组合板破坏模式的影响规律，并提出各破坏模式下剪跨比的阈值。

（3）钢板-混凝土组合板的组合抗剪性能研究方面。共设计了 6 个组合板试件，其中 2 个是小跨度试件，用于验证侧立组合板抗剪试验的可行性；其后设计的 4 个是一般跨度试件。试件的变化参数主要是剪跨比和栓钉间距，试验主要分析了这两种因素对钢板-混凝土组合板抗剪承载力的影响。而在有限元仿真模拟中，考虑到有限元软件默认的为固定裂缝模型，该模型无法模拟裂缝的剪切软化行为，用于分析混凝土抗剪承载力时无法达到准确性要求。基于 ABAQUS 软件具有开放的二次接口，采取转动裂缝模型对有限元软件进行材料层面的二次开发，建立钢板-混凝土组合板有限元分析的抗剪模型。主要结果如下：①小跨度试验验证了组合板抗剪加载方案可行，最终的破坏形态主要是斜压破坏，试验中混凝土的抗剪承载力实测值为计算值的 2～4 倍，钢板承担的剪力占构件整体剪力的50％左右。试验结果与 ANSYS 模拟结果的对比表明，固定裂缝模型是无法模拟抗剪混凝土软化问题的，需进行改进。②对 3 块钢板-混凝土组合板和 1 块无钢板混凝土板进行的抗剪承载性能试验研究表明，钢板-混凝土组合板在单点加载情况下可能发生的破坏形态包括：弯曲破坏和斜拉破坏，$\lambda \geqslant 2.63$ 时呈现弯曲破坏。组合板的极限承载力是无钢板混凝土板极限承载力的 3 倍左右。组合板中钢板所承担的剪力约为组合板极限抗剪承载力的 43％，且混凝土板承担的剪力比规范中混凝土抗剪计算值提高了 2

倍左右，表明由于钢板的作用，混凝土板的承载力大大提高。③修正压力场理论可以较好地描述混凝土的软化行为，采用 UMAT 子程序对 ABAQUS 进行二次开发，选择合适的钢板和栓钉单元类型和材料属性，并将修正压力场理论应用到钢板-混凝土组合板的抗剪数值模拟当中，建立组合板数值仿真抗剪模型。将试验结果和有限元抗剪模型模拟结果进行对比，建立了钢板-混凝土组合板抗剪计算的数值模型，数值计算结果与有限元计算结果吻合较好。④采用组合板抗剪数值模型对影响其抗剪承载力的主要因素进行分析表明：影响钢板-混凝土组合板抗剪承载力的主要因素为钢板厚度、混凝土厚度以及构件截面高度等。⑤基于普通混凝土梁抗剪承载力计算公式，通过参数分析拟合出钢板-混凝土组合板抗剪承载力的简化计算公式，试验结果与拟合公式的计算结果吻合较好，可为组合板抗剪承载力设计方法的研究提供理论依据。

本书的研究工作先后得到国家自然科学基金（青年基金项目）（50808110）、国家自然科学基金面上项目（51278488）、中国博士后科学基金（20080430042）及中国博士后科学基金特别资助（200801083）。在此还要衷心感谢我的博士后合作导师中国工程院院士、清华大学聂建国教授对我的悉心指导，导师渊博的学识、严谨的治学态度、孜孜不倦的敬业精神、开拓创新的思维方法等将成为我一生中最宝贵的财富。本书在著写过程中还得到了土木工程界技术人员的大力支持，在此我表示诚挚的谢意。

在课题研究的过程中，本课题组硕士研究生张栋栋、余珍、邢瑞蛟、姜宇鹏、严茂超、王芮、郭开凤、刘艳、安丽佩等协助我完成了大量的试验、计算及分析工作，王琳、吕步凡、谢灵慧、琚祥凯等对本书的编辑做了大量工作，他们均对本书的完成做出了重要贡献。在此向为本书付出劳动和做出贡献的朋友们表示诚挚的感谢。

本书仅在单面钢板-混凝土组合板的受力性能方面开展了一部分研究工作，今后还需要在双面钢板-混凝土组合板以及多种边界条件下等更多方面开展相关工作，由于实际结构工程的复杂度和作者认识能力的局限性，本书难免存在不足之处，某些观点和结论也不够完善，需要在今后的研究工作中加以改进，欢迎广大读者提出批评和建议。

目 录

第1章 概　　述

1.1　钢板-混凝土组合板的构成与特点

钢-混凝土组合结构是在钢筋混凝土结构和钢结构的基础上日益发展起来的一种新型的结构形式，最早产生于20世纪初期，世界各国学者对其开展了大量的研究，20世纪30年代抗剪连接件的出现，使得组合结构获得广泛的应用并不断发展创新，组合结构能充分利用钢材和混凝土各自的材料性能。目前常用的钢与混凝土组合结构分为5大类，分别为压型钢板与混凝土组合楼板、钢与混凝土组合梁、型钢混凝土结构、钢管混凝土结构和外包钢混凝土结构。同钢筋混凝土结构相比，组合结构可以减小构件截面尺寸、减轻结构自重、降低地震作用、增大有效使用空间、降低基础造价、缩短施工周期、增加构件和结构的延性；同钢结构相比，组合结构可以减小用钢量、增大刚度、增加稳定性和整体性、提高结构的抗火性和耐久性[1-4]。使用组合结构还可以节省脚手架和模板，便于立体交叉施工，减小湿作业量，降低施工现场噪声。

钢-混凝土组合结构已经被广泛应用于高层及超高层房屋、大跨结构、桥梁结构、结构改造及加固等[5-8]。对于跨度较大、荷载较大的钢筋混凝土结构或钢结构均可采用钢-混凝土组合结构，钢-混凝土组合结构优越的受力性能、施工性能和良好的综合效益使其成为现今结构体系的重要发展方向之一，在建筑、桥梁结构及结构加固等领域具有广阔的应用前景。我国的一些高层建筑物，尤其是超高层建筑物开始大量采用组合构件或整个结构体系全部采用组合结构。比较有代表性的采用钢-混凝土组合结构的超高层建筑有环球金融中心、金茂大厦、地王大厦、赛格广场大厦等，结构中采用了型钢混凝土巨型组合柱、剪力墙核心筒以及组合楼板的组合结构技术。另外，珠海科技园连体结构、滨州国际会展中心、武汉火车站等大跨结构，上海杨浦大桥、上海闵浦大桥、东海大桥、芜湖长江大桥、青州闽江大桥、香港汀九桥等桥梁结构则全部或部分采用了组合结构。除了新建工程外，组合结构也被应用于地下工程和工程构件的加固及修复，比如，近年来完工的北京地区的紫竹桥改造工程，通过采用混凝土叠合技术对桥梁悬臂板进行加固，有效地提高了承载力和刚度，而且耐久性好，安全可靠。在桥梁加宽改造方面，钢-混凝土组合结构显示出了其施工方便、承载力大以及结构刚度较大等优势。近年来这种组合板形式主要用于钢板-混凝土组合板加固技术[9-11]，也有望在轨道交通组合梁桥结构[12-13]等方面得到推广。

　　钢-混凝土组合结构可以由多种结构形式构成，例如组合梁、组合柱、组合板等，其中钢板-混凝土组合板是最基本的组合结构类型之一，它是指在钢板上熔焊栓钉，在栓钉附近布置钢筋网片，然后浇筑混凝土，通过栓钉等作为抗剪连接件将钢板与后浇混凝土组合而形成的整体结构。钢板代替钢筋承受拉力或压力，同时对内部混凝土有一定的约束作用，抗剪连接件可采用栓钉、开孔钢板等多种形式，内部混凝土主要处于受压状态，并对钢板有较强的约束作用，防止钢板失稳。钢板-混凝土组合板的钢板表面比较平整，可以满足外观的美观和装饰需要，主要分为以下两类：第一类是单面钢板-混凝土组合板（见图1-1（a）），简称组合板；第二类是双层钢板-混凝土夹层板（见图1-1（b）），简称双层组合板。如图1-1（a）所示，第一类组合板是由钢板和位于其上的混凝土通过抗剪连接件连接而成的，其中组合板中一般设置两层钢筋网片，一层靠近栓钉根部可以有效传递钢板和混凝土之间的界面剪力，另一层靠近混凝土表面可以满足温度和收缩的需要。结合钢和混凝土的优良特性，组合板可以在利用混凝土较高抗压强度的同时，通过设置钢板以弥补混凝土相对较低的抗拉强度。与传统的钢筋混凝土（RC）板相比，组合板可以更有效地将荷载转化为拉力，并且可以极大地减小板的厚度，从而用成本更低的轻质结构代替楼板和桥面板中的传统钢筋混凝土板。图1-1（b）中的第二类双层组合板是指"钢-混凝土-钢"夹层构件。双层组合板与双筋混凝土梁相比都具有较大的刚度，因此可以应用于要求较高侧向剪力和轴向压力的剪力墙的设计。此外，由于结构性能和较大的侧向刚度方面的优良特点，钢板可以作为组合板的支撑形式从而减少人工成本和时间，显著加快工程进度。钢板-混凝土组合板相对于其他组合楼板构造更为简洁、施工更加快捷、无支模工具、易于满足桥梁的平面形状要求，抗裂性能及抗震性能均较好，且形式合理，因此，钢板-混凝土组合板已经在建筑、桥梁和其他结构形式方面获得越来越多的关注。

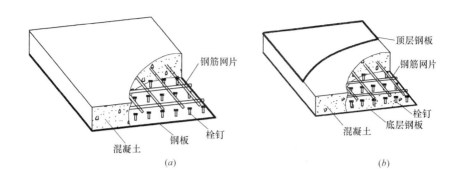

图 1-1 钢板-混凝土组合板
（a）单面钢板-混凝土组合板；（b）双面钢板-混凝土夹层板

钢-混凝土组合板最常用于建筑结构中的楼板中，随着钢-混凝土组合结构在工程实践中的快速发展，除了压型钢板-混凝土组合板这种常见的工程形式外，近年来逐渐发展了很多新型钢板-混凝土组合板，包括加劲钢板-混凝土组合板、肋筋模板钢-混凝土组合板以及夹层组合板，如图 1-2所示。

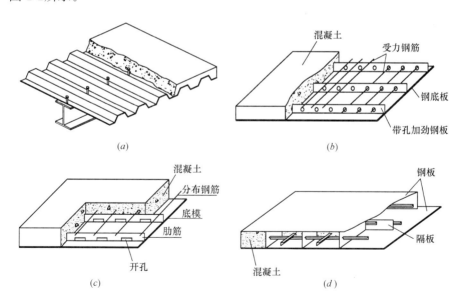

图 1-2 新型钢板-混凝土组合板
（a）压型钢板-混凝土组合板；（b）加劲钢板-混凝土组合板；
（c）肋筋模板钢-混凝土组合板；（d）夹层组合板

随着大量的试验研究和实践应用的开展及对其理论探索的不断深入，我国的科技工作者对钢板-混凝土组合板的特点、受力性能、应用等各个方面有了比较全面的认识，极大地推进了钢板-混凝土组合板在高层建筑、超高层建筑、大跨结构以及大型桥梁结构等土木工程中的应用。例如：上海金茂大厦塔楼高 421m，地上部分 88 层，结构的横向承重体系为宽翼型钢桁架梁与混凝土板所形成的钢-混凝土组合楼盖，钢梁间为厚度 1.2mm、高度 76mm 的压型钢板与 82.5mm 厚的现浇混凝土所形成的组合板；上海瑞金大厦高 107m，27 层，10 层以上为压型钢板-混凝土组合楼板；沈阳沈海热电厂的工业厂房也采用了这种组合板的形式。

1.2 钢板-混凝土组合板的应用概况

1.2.1 钢板-混凝土组合板在建筑结构中的应用

1. 组合板在建筑楼盖方面的应用

钢板-混凝土组合板最早应用于欧美国家的建筑结构领域。当时主要把钢板作为浇筑混凝土的永久性模板及施工操作平台，并能多层立体作业，加快施工进度。为了使其能承受施工时混凝土的自重及施工荷载，钢板必须具有一定的刚度，因此又将钢板压制成带凹凸肋形，但使用阶段结构的承载和变形仍只考虑钢筋混凝土板的作用。后来随着应用与研究的深入，发现压型钢板的存在可以提高板的承载能力。如果能保证压型钢板与混凝土结合很好，两者基本能够组合成整体而共同工作，这样，压型钢板能代替受力钢筋承受拉力，既可节约大量钢筋，还相应地减少了钢筋的制作安装等施工费用。20 世纪 50 年代，国外学者首次提出压型钢板-混凝土组合楼板，并于 1960 年在布鲁克林的联邦法庭大厦工程中首次使用，此后，压型钢板-混凝土组合楼板得到了工程界和学术界深入和广泛的研究，对其极限承载力、抗剪性能、界面滑移、挠度变形以及混凝土的开裂等问题开展了大量的理论与试验研究工作。近 20 年来我国也大量应用，既可用作楼面也可用作屋面。它具有节省模板、施工速度快、易于运输和安装、减轻楼板自重、抗震性能好等许多优点。但由于压型钢板一般较薄，所以造成有些工况下承载能力不足、防火能力较差、平面外刚度较小，并且由于压型钢板表面难以布置足够多的剪力连接件而造成钢-混凝土之间得不到有效的抗剪连接导致承载力下降等，而钢板-混凝土组合板则能更好地解决上述问题。

Clerke 最早提出了非完全剪力连接组合板变形理论[14]；Koichi Sato 根据薄板理论对非完全剪力连接组合板建立了偏微分方程组，得到了非完全剪力连接组合板挠度的理论解[15]；对于组合板局部稳定性的研究，Wright 根据最小势能原理推导出了与混凝土相连的钢板在轴压状态下的局部屈曲临界荷载，他认为栓钉间距范围内钢板理想边界条件为夹支边，并给出了栓钉间距与板厚之比的限值[16-17]。UY. B 等通过推出试验和有限差分法研究了薄型钢板组合板局部稳定性[18-19]。Liang 等对双层钢板组合板在双向轴压及双向轴压和剪切等荷载工况作用下的弹性局部稳定及屈曲后的强度进行了研究，他们认为组合板中钢板局部稳定分析模型边界条件仍应是理想简支边界，并给出了不同工况下栓钉间距与板厚之比的限值[20-21]。

20 世纪 80 年代中期，我国制定了冶金行业标准《钢-混凝土组合楼盖结构设计与施工规程》YB 9238—1992。建设部行业标准《高层民用建筑钢结构技术规程》、国家标准《钢结构设计规范》以及电力行业标准《钢-混凝土组合结构设计规程》中，都对组合楼板做出了有关的设计规定和要求，钢板-混凝土组合板在高层建筑、工业厂房、大跨度结构以及大型桥梁结构等诸多领域中得到了广泛应用。

2. 组合板在组合剪力墙中的应用

当今时代高层、超高层建筑的数量迅猛增长，随着建筑层数的增加，底部剪力墙需要承担的竖向荷载越来越大，为了保证剪力墙的延性，需严格控制轴压比和混凝土强度等级，若仍采用传统的钢筋混凝土剪力墙，只能增加剪力墙的厚度，过厚的剪力墙不仅施工复杂，影响建筑使用面积、建筑经济效益，且剪力墙自重过大会导致地震作用力变大，不利于高层结构安全；另外，对于核心筒结构来说，剪力墙厚度的增加使得核心筒的刚度大幅度提高，为了满足外框柱承担楼层剪力比的要求，外框梁柱的截面也要随之增加以实现内筒和外框的刚度匹配，此时结构的整体成本和规模均难以控制，因此，高层和超高层建筑中剪力墙构造的创新和优化成为影响其发展的关键因素之一。

钢板-混凝土组合剪力墙作为一种新型剪力墙构件，能够充分发挥钢和混凝土两种材料的优点，扬长避短，有强度高承载力大的优点又可以获得较高的延性，在保证力学性能的基础上，比传统的钢筋混凝土剪力墙厚度小，施工快速方便，这种新型构件的使用可以有效地减小构件的尺寸和建筑物自重，从而降低建筑物的地震反应和使用面积，是高层和超高层建筑中剪力墙构造的优先选择，在超高层建筑结构中应用越来越广泛。钢板-混凝土组合剪力墙有多种新型构造，常见类型包括双层钢板-混凝土组合剪力墙、内嵌钢板-混凝土组合剪力墙以及单侧钢板-混凝土组合剪力墙等。《高层建筑混凝土结构技术规程》JGJ 3—2010 及《组合结构设计规范》JGJ 138—2016 均已提出了钢板-混凝土组合剪力墙的承载力计算方法以及相关的设计、构造要求等，为钢板-混凝土组合剪力墙的应用提供了规范依据。中国国家博物馆、北京国贸三期以及北京财富中心等项目已经使用了这种钢板-混凝土组合剪力墙。

中国国家博物馆中央大厅两侧的墙体由于大空间的学术报告厅以及数码影院的需要不能落到基础上，同时该墙体又是 21m 标高及 29.8m 标高两层大跨钢桁架的支承构件，承受的竖向荷载很大，抗震性能目标为中震弹性。中震作用下底层每段墙承担的水平剪力达到 76000kN 左右，同时需要控制墙体厚度在 600mm 以内[23]，采用普通混凝土墙体不能提供足够的承载力，即使按墙体受剪截面控制条件计算的墙体厚度也要 1100mm，远远超过了建筑师允许的厚度，且延性无法保证，最后在底层采用钢板-混凝土组合剪力墙，根据钢板-混凝土组合剪力墙受剪截面承载力计算方法，计算出墙厚为 600mm，内设钢板厚度为 25mm，解决了这个问题。同时在入口大厅，标高 34.5m 以上仅 4 组混凝土筒体支承整个钢桁架屋盖，混凝土筒体部分墙肢承受的水平剪力很大，普通钢筋混凝土墙体也无法满足要求。同样由于受到建筑功能对墙厚的限制，设计中也采用了钢板-混凝土组合剪力墙，钢板厚度为 35mm[24]。

1.2.2 钢板-混凝土组合板加固技术及其在新型组合梁桥中的应用推广

近年来，现有建筑由于自然老化、自然灾害、人为损伤等原因，使得很多还未达到使用年限甚至新落成的建筑结构显现出安全隐患，而对于某些建筑，其结构损伤情况未达到拆除重建的程度，且拆除重建会带来大量的经济损失，对于这些建筑，进行结构加固是经济可行的方法。钢板-混凝土组合板加固技术是近年来被广泛应用的加固方法，它是指以钢-混凝土组合结构为基本原理，在加固时，通过在钢板上焊接栓钉、在原结构混凝土内植筋、在原结构及加固钢板间设置钢筋网片并浇筑混凝土等使加固部分与原结构形成整体共同工作。这种加固方法有其特有的优点：对原结构的表面平整状况要求比较低；采用的材料为钢筋、混凝土及钢板等传统建筑材料，性能良好且造价较低；加固钢板可以承担多方向的应力，可大幅度提高承载力和刚度；钢板外表面无须保护层，因此可以避免混凝土裂缝外露；钢板可以作为混凝土浇筑的模板，因此可以大大加快施工速度；组合加固后构件有较好的抗爆、抗渗、抗冲击性能。清华大学聂建国院士最早提出了对现有钢筋混凝土结构进行组合加固的思想[25]，随后，钢板-混凝土组合板加固技术在工程实践中得到了应用。聂建国院士结合工程实践对钢板-混凝土组合板加固理论进行了验证[26]，又对钢筋混凝土梁进行了组合加固试验研究，试验中发现试件的破坏形态包括弯曲破坏、钢板剥离破坏及混合破坏等形式。试验表明，若合理地配置栓钉连接件，钢板和钢筋混凝土可以形成组合截面共同工作，试件呈现出典型的弯曲破坏形式，具有良好的承载能力和延性性能[27]。在此基础上，聂建国、赵洁等对钢板-混凝土组合板加固性能进行了一系列试验研究，试验结果表明钢板与混凝土板界面之间的滑移效应会导致加固后的钢筋混凝土构件承载力及刚度降低，并得到了滑移沿梁跨的分布曲线。钢板与混凝土间栓钉连接件的抗剪刚度、间距，以及加固钢板的厚度、长度等参数均会影响滑移分布。在进行组合加固时，存在一个合理的钢板厚度，而钢板的长度则应尽可能地靠近支座[28]。杨勇等[29]通过试验研究，考察了组合桥面板的疲劳破坏模式及疲劳损伤程度的主要影响因素，得出的结论可为组合桥面板设计应用提供依据。

随着我国公路运输事业及城市道路的发展，斜桥、弯桥在公路桥梁及城市桥梁中有越来越多的需求，当斜桥、弯桥曲率半径较小时，传统的钢筋混凝土板板底钢筋布置方向无法做到与混凝土主拉应力方向相一致，因此易出现混凝土底板开裂，以底板纵向偏锐角方向的裂缝最具代表性。裂缝会严重降低结构的承载力、刚度及耐久性。钢板-混凝土组合板对于解决这类桥梁板底主拉应力方向多变的问题具有非常显著的效果。钢板-混凝土组合桥面板是由底部平钢板和混凝土通过栓钉或开孔钢板连接件等各种形式的剪力连接件结合而成的新型组合桥面板形式，为增加组合桥面板的刚度和强度，可在组合桥面板中设置型钢骨架或钢筋桁架，形成各种形式的组合桥面板。钢板-混凝土组合桥面板主要应用于钢-混凝土组合梁桥中，形成钢板-混凝土组合桥面板的组合梁桥，简称为组合桥面板的组合梁桥。

钢板-混凝土组合桥面板兼具钢筋混凝土桥面板和钢桥面板的诸多性能优势，钢板在桥面板施工中可以起到模板作用，免除模板拆卸和支撑架设工作，极易实现快速施工和安全施工，而且钢板-混凝土组合桥面板可以实现部分预制，施工质量能得到更好地保证。同时，钢板-混凝土组合桥面板在钢筋混凝土桥面板的翻修、改建和加固工程中更具有加快施工进度和减小交通影响的重要性能优势。现有工程实践还表明，钢板-混凝土组合桥面板相对钢筋混凝土桥面板具有较好的耐久性能，能有效减缓桥面板出现严重耐久性损坏现象。总体而言，钢板-混凝土组合桥面板在加大桥面板跨度、实现快速施工和良好结构性能方面具有显著性能优势，具有良好的应用前景[30]。

典型的工程案例如广东佛山东平大桥、2001年北京市阜石路立交2号通道桥等。阜石路立交2号通道桥原设计方案为钢筋混凝土板，因配筋方向很难保证与主拉应力方向一致而导致开裂；而且往往由于板厚偏大、配筋较多，导致混凝土浇筑比较困难，很难保证其密实度，后将原方案改为钢板-混凝土组合板后，成功地解决了以上问题，避免了裂缝问题，结构性能大大改善[31]。此外，这种结构还被成功应用于国内某大型火力发电厂烟囱结构中的大跨度圆环形内隔板[6]、山东滨州会展中心交叉组合梁系楼盖等结构中[3]，这表明将钢板-混凝土组合板应用于主拉应力多变且钢筋布置难以与主拉应力方向一致的环形板、异形板时的性能和综合效益良好。

在组合加固方面。我国经济建设迅猛发展，汽车保有量不断增加，许多服役多年的桥梁已逐渐不能满足使用需求，因此对有缺陷的桥梁进行加固补强已成为交通工程中的重要课题。钢板-混凝土组合板也开始用于桥梁加固，钢板-混凝土组合板加固是在钢板-混凝土组合梁基础上发展起来的一种加固方法。当前桥梁加固的方法主要有[32]：增大截面积法、体外预应力法、粘贴碳纤维增强塑料法和粘贴钢板法等[8]。后两种是近年来较为普遍采用的方法，国内外许多学者对采用这些加固技术的要点、施工方法以及结构的承载性能等方面进行了一系列理论分析和试验研究。但它们各有不足之处，如粘贴钢板的结构胶容易老化、剥离脱空，抗疲劳性能不甚理想；粘贴碳纤维增强复合材料的防火性能差、材料各向异性、抗剪强度低、施工要求严、造价高等，而钢板-混凝土组合板加固技术则可以有效地避免这些问题。迄今为止，钢板-混凝土组合板加固技术已成功应用于多座梁桥结构加固改造中，如北京紫竹桥、长安街西单西通道等；北京马甸桥利用它进行了抗剪加固。加固后结构的承载力、刚度及防撞击性能均大大提高，且避免了混凝土裂缝外露，使用效果良好[4]。

在现有建筑当中由于各种外界环境和自身材性缺陷等因素，使得所设计和使用的建筑物以及构筑物产生了多种安全隐患。甚至一些刚刚建成的工程项目，由于地质勘测、建筑设计和结构施工过程中的技术和管理问题，导致工程在初建阶段就出现了多种质量隐患问题。据相关数据显示，到 2000 年全国年加固修复工程量已突破 100 万 m^2[33]。混凝土加固的方法有很多，大致分为直接加固法和间接加固法两大类[34]。而钢板-混凝土组合板加固技术是混凝土加固修复方面的一个重大突破，这种组合加固技术可以用于混凝土结构构件的抗弯加固、抗剪加固等，抗弯及抗剪加固后构件截面如图 1-3 所示。钢板-混凝土组合板加固技术与其他加固方法相比，主要具有造价低、施工方便、周期短等优点，适合在全国范围内推广使用。

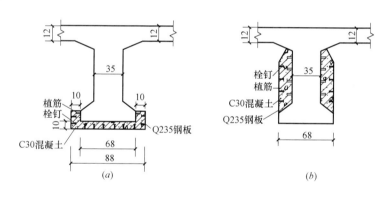

图 1-3 钢板-混凝土组合板加固示意图
（a）抗弯加固；（b）抗剪加固

另外，钢板-混凝土组合板还可用于城市轨道交通领域新建桥梁中。如近年来由清华大学聂建国院士提出的槽型钢-混凝土组合梁[35]，如图 1-4 所示，首先加工制作 U 形截面钢板梁，钢板梁安装就位后浇筑混凝土，钢板与混凝土通过抗剪连接件组合成整体共同工作，该组合梁的腹板、底板均为钢板-混凝土组合板，腹板组合板主要提供抗剪作用，底板组合板则抵抗横向和纵向弯曲。底板组合板的受力状态比较复杂，对于整个 U 形截面，底板组合板应属受拉区，但它同时承受直接作用其上的设备荷

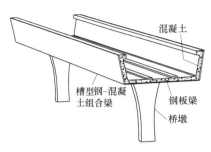

图1-4 槽型钢-混凝土组合梁轨道桥

载、列车荷载等，故又处于局部受压状态，且底板钢板与混凝土之间抗剪连接件的受力状态也较复杂，关于该类型结构中钢板-混凝土组合板的抗弯、抗剪性能及刚度等问题需要进行进一步的理论分析与试验研究[36]。

吴丽丽等[37]在2013年研究了应用于轨道交通领域的U形截面组合梁，通过对一个具有1/3截面尺寸和1/4长度尺寸的简支组合梁缩尺模型进行四点静力加载试验，给出了结构的抗弯能力、刚度、应力分布和裂缝分布图。研究表明钢板-混凝土组合板展现出了良好的抗弯和抗剪能力，然而目前没有专门的规范用于该类型结构的设计以及用于确定结构的一些关键参数，如抗剪栓钉的间距和钢板的厚度、混凝土板的厚度等。因此，为了更好地理解组合板的抗弯性能和破坏模式，并且建立它们之间的关系以确保在实际应用中获得理想的工作性能，有必要在这方面做更深入的研究。

此外，薄钢板在面内荷载作用下容易产生失稳，而在钢板上布置栓钉并浇筑混凝土后可提高钢板的稳定性，从而有效地提高钢板的刚度。利用钢板-混凝土组合板的这个特点可以解决大跨度连续组合梁中支座处箱梁底板受压屈曲的问题。为防止屈曲失稳，工程中通常的做法是在底板处设置多道钢板加劲肋，但其构造复杂、焊接工作量大，如果改为图1-5所示的钢板-混凝土组合板形式，则不仅可以有效防止钢梁底板的屈曲，而且增加受压面积，且施工方便、构造简洁[38]。

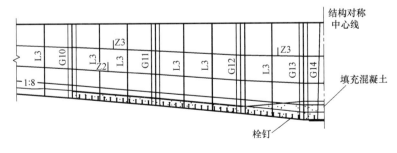

图1-5 连续组合梁支座处理方式

1.3 钢板-混凝土组合板的研究进展

1.3.1 钢板-混凝土组合板的弯剪性能研究

从 20 世纪 50 年代开始，国内外众多学者对各种形式的钢板-混凝土组合构件的抗弯性能进行了广泛地研究，并通过大量的试验研究得出了许多结论。

1990 年 Tomlinson[39] 首次提出组合的概念并将其应用到地下隧道工程中。Casillas 采用钢板代替钢筋混凝土板中的钢筋，并对此种形式的构件进行了详细的研究。并且采用了栓钉作为抗剪连接件来连接钢板与混凝土。试验表明的钢板与混凝土之间的微小滑移不影响两者的共同工作。试验中部分梁由于栓钉连接件受到的荷载过大产生过大的滑移而破坏[40]。

K. C. G. Ong 等[41] 研究了 38 根简支钢板混凝土组合梁和 5 块组合板的性能，他们的研究结果表明组合梁的破坏形态有三种模式：弯曲破坏、剪切破坏和分层破坏，此外研究发现随着钢板厚度的增加，组合板的承载能力逐渐增加，但是随着变形的减小，脆性逐渐增加。

Wright 等[42-44] 研究了中间浇筑混凝土的双层型钢板在不同荷载作用下的实例，结果表明双层钢板组合板表现出与混凝土浇筑的传统框架结构相似的特点，并最终给出了符合实际应用的设计公式。Hossain 和 Wright[45] 在 2004 年进行的中间浇筑混凝土的双层型钢板的小模型试验介绍了其负载变形效应、强度、刚度、破坏类型、钢板与混凝土的相互作用等性能，并且研究了组合墙模型在荷载作用下的性能。

此外，国外学者对钢板夹心混凝土组合结构进行了大量的研究工作。Oduyemi 和 Wright 等进行了 53 个双层钢板混凝土梁柱模型试验并分析了试验结果[20,46-47]，给出了各种荷载类型作用下的基本失效模式，并且更加细致地观察了这种构造形式下的结构作用，发展了设计指南，并且通过 11 个全尺寸试验验证了之前所提出的理论。Bowerman[48] 和 Chapman[49] 发展了新型双层钢板混凝土组合结构的设计和建造指导方针。此外，T. M. Roberts 等对一系列施加弯曲荷载和横向剪力的双面钢板-夹心混凝土组合梁进行了试验研究，并推导出了双面钢板-夹心混凝土组合梁的极限抗弯承载力和抗剪承载力的公式[50-51]。Roberts 等[52]在 1996 年和 Dogan、Roberts[53]在 2011 年进行了准静态荷载测试以确定双层组合梁的弯曲和剪切性能，并且对六个推剪试件进行了疲劳测试，结果表明系统中的钢板在拉力作用下发生屈服并且发生相对滑移，与此同时，他们所有的疲劳试验均表明随着试验进行，抗剪螺栓的刚度逐渐减小。

2009 年，聂建国等[54]通过在钢与混凝土之间设置假想的剪切薄层，依靠剪切层的剪切变形模拟钢板-混凝土组合板模型，并推导出四边简支矩形组合板在均布横向荷载作用下的弯曲变形和在单向压缩作用下的弹性稳定解析解。

2010 年，吴丽丽等分析了钢板-混凝土组合板弹性局部剪切屈曲[55]和弹性整体剪切屈曲[56]，指出剪力连接件的最大间距是防止钢板局部屈曲先于屈服的最关键因素，只有在最大间距范围内才能保证组合板中钢板与混凝土板共同工作。在分析弹性整体剪切屈曲中，采用夹层板理论推导了组合板弹性屈曲方程，分析了界面剪切刚度的影响。通过参数分析拟合了防止完全剪力连接四边简支组合板整体屈曲所需混凝土板最小厚度的计算公式。

2013 年，杨悦等对钢板-混凝土组合板受弯性能进行了试验研究[57]，通过对 4 个单面钢板-混凝土组合板试件和 3 个双面钢板-混凝土组合板试件的受弯试验研究，分析了不同钢板厚度、抗剪连接程度以及构造钢筋配置对组合板受弯性能和破坏形态的影响。试验结果表明，按完全抗剪连接设计的试件破坏形态与适筋梁相似，具有良好的受弯承载能力和延性；当受拉区钢板采用部分抗剪连接设计时，剪跨区栓钉易剪断导致承载力明显降低；当受压区钢板采用部分抗剪连接设计时，顶层钢板易发生局部屈曲，导致钢板-混凝土组合板抗弯承载力降低。通过对试验结果的分析，给出了钢板-混凝土组合板的受弯承载力计算公式。

2014 年，孙锋基于某核电厂大跨单侧钢板混凝土（HSC）空心组合屋盖中的一榀模块的缩尺静载试验（1∶3）情况，通过 ANSYS 软件建立了组合板试件的非线性有限元分析模型，对单侧钢板混凝土空心组合板的受力性能做了非线性有限元试验模拟[58]，并对比数值计算与试验的荷载-挠度曲线，验证模型的有效性。

2014 年，吴婧姝对钢板-混凝土组合板平面外弯剪性能进行了试验研究[59]，结果表明：钢板-混凝土组合板的破坏形式与钢筋混凝土结构类似；栓钉的间距对钢板-混凝土组合板（简称"SC"）的刚度有很大影响；

随着剪跨比的增大，抗剪承载力下降，试件破坏呈现脆性破坏；当试件截面高度增加时，试件破坏形式为剪切破坏。采用美国《核安全相关混凝土结构规范》ACI 349 中的剪切公式和日本《钢板混凝土抗震设计指南：建筑与结构》JEAG 4618 中的剪切评价公式都可以对钢板混凝土梁的剪切破坏进行计算，但当剪跨比大于 3 时，计算值偏小；大剪跨比情况下应进一步研究。

2014 年，张阳对钢板-混凝土组合板试验及参数进行了研究[60]，通过带 PBL 剪力键的钢板-混凝土组合板的简支加载试验，研究了混凝土厚度、钢筋配筋率、剪力键布置方向、加载方式等因素对结构的影响，得到了各试件的破坏模式及承载能力，并采用 ABAQUS 有限元软件建立了 PBL 剪力键钢-混凝土组合板模型，结合试验数据与计算结果，对比分析了两者之间的异同，为下一步的参数分析提供方法；最后还对组合板的各项参数（混凝土等级、钢板型号、混凝土厚度、PBL 剪力键钢板布置方式、贯穿钢筋配筋率等）进行了有限元计算分析，总结得到各参数对承载力的影响，提出建议取值范围，对相关设计具有参考价值。

1.3.2 双钢板-混凝土组合构件的性能研究方面

1. 国外对组合板剪力墙的研究概况

1995 年，Link 和 Elwi 对双层钢板-混凝土组合剪力墙进行了试验研究和有限元数值模拟[61]，分析了这种组合墙横向和纵向的承载力和延性，用有限元软件模拟了钢板和混凝土之间的摩擦和接触效应，最终发现这种组合剪力墙延性比较好，能承受一定程度的变形。

1998 年，Takeuchi 等对钢板-混凝土组合剪力墙用于核电站方面的性能进行了试验研究[62]，分析了这种组合墙结构的受弯性能和受剪性能，结果表明这种组合剪力墙不仅造价低于传统剪力墙，而且可以缩短工期、具有更好的抗震性能。通过受压试验的开展，得出钢板局部屈曲对钢板-混凝土组合剪力墙的承载力基本没有影响。

2002 年，日本的 Emori Katsuhiko 对双层钢板内填混凝土剪力墙进行了研究[63]，钢板之间焊接了横向和纵向的加筋肋，从试验的结果来看这种剪力墙结构具用较高的承载力和良好的延性，但由于造价偏高，所以目前还只用于核电站、海洋平台等恶劣环境下的结构。

2004 年，Liang 等对双层钢板-混凝土组合剪力墙承受两种应力情况下的性能开展了有限元分析[21]，这两种复杂应力主要是压力和面内剪力，通过有限元建模分析了这种组合剪力墙局部屈曲和栓钉间距的相互影响。研究结果表明：当组合剪力墙的高厚比取值比较小时，主要由栓钉抗剪承载力或者钢板局部屈曲决定剪力墙极限承载力的大小；当组合剪力墙的高厚比取值比较大时，剪力墙构件可以充分发挥屈服后强度。

2011年，Varma AH和Malushtes R等[64]建立了一种力学模型用于模拟钢板-混凝土组合剪力墙，这种力学模型主要用于分析承受面内剪力和面外弯矩的情况下的剪力墙，为防止钢板-混凝土组合剪力墙相互作用面的剪切破坏以及钢板的局部鼓曲失效等提出了用于组合剪力墙的设计方法。

2. 国内对组合板剪力墙的研究概况

2011年，清华大学聂建国教授等为研究低剪跨比双钢板-混凝土组合剪力墙的抗震性能[65]，完成了3块剪力墙试验，其中包括2块小剪跨比的双钢板-混凝土组合剪力墙和1块小剪跨比的钢筋混凝土剪力墙试验，分析了不同形式连接件对小剪跨比双钢板-混凝土组合剪力墙抗震性能的影响。试验结果表明：双钢板-混凝土组合剪力墙与钢筋混凝土剪力墙相比，小剪跨比双钢板-混凝土组合剪力墙受剪承载力有所提高，延性和抗震性能都比较好。

2012年，韦芳芳等对双钢板-混凝土组合剪力墙进行了有限元数值模拟[66]，采用ANSYS建模，研究了多种参数对组合剪力墙抗剪性能的影响。结果表明：组合剪力墙抗剪承载力的变化与混凝土厚度、钢板厚度、混凝土强度以及钢板强度等参数有关；当混凝土或钢板厚度增加，混凝土或钢板强度增大时，组合剪力墙的抗剪性能均有明显的提高。

2013年，胡红松等对双钢板-混凝土组合剪力墙的变形能力进行了系统分析[67]，得到了影响剪力墙截面变形能力的主要因素，如考虑钢板作用的轴压比、混凝土强度、墙身的材料配比和暗柱混凝土的约束效应。回归分析得到了双钢板-混凝土组合剪力墙截面极限曲率的计算公式，满足精度要求并偏于安全；在此基础上，提出了双钢板-混凝土组合剪力墙基于位移的设计方法。

2013年，马晓伟等研发了分析组合剪力墙压弯性能的弹塑性数值模型[68]，运用该模型对组合剪力墙的弯矩进行分析时，统计了墙体中部承担弯矩的比例。结果显示，组合剪力墙中部墙体在受弯过程中承担弯矩比例较大，设计中不可忽略。对双钢板-混凝土组合剪力墙压弯承载力进行数值计算和参数分析，研究了极限状态下影响压弯承载力的关键因素，并基于关键参数提出了计算该类组合剪力墙极限状态压弯承载力的简化计算公式。

2014 年，黄泽宇对双钢板-混凝土组合剪力墙滞回性能[69]进行了ABAQUS 有限元分析，变化了剪跨比参数。通过分析表明：双钢板-混凝土组合剪力墙最后的破坏形态主要为端柱混凝土压碎和端柱钢板鼓曲两种形式；破坏过程可以分为弹性工作阶段、塑性工作阶段和破坏阶段三个阶段；剪力墙滞回曲线相对比较饱满，耗能能力较强。

清华大学聂建国教授分别对低剪跨比、高轴压比及中高剪跨比的双钢板-混凝土组合剪力墙进行了试验研究。试验结果表明：剪跨比低的试件，其承载力显著提高，且延性更好；而剪跨比高的双钢板-混凝土组合剪力墙的破坏模式呈压弯破坏形态，且随着试件轴压比的增大，试件的受压屈曲愈加明显，发展也愈加迅速；试件的轴压比、距厚比和栓钉间距与钢板厚度之比对试件的刚度和极限承载力影响不明显，但试件的变形能力随轴压比的增大而降低；研究还表明双钢板-混凝土组合剪力墙有良好的抗震性能[65]、[70]。此外，聂建国等[71-72]采用钢板-混凝土组合结构的概念改进了传统混凝土构件，他们的研究证明改进后的钢板-混凝土组合梁的抗弯性能有显著提升，通过观察钢板和混凝土之间的粘结滑移发现，粘结滑移关系与剪切螺栓的间距和抗剪刚度以及钢板刚度有关。

另一方面，钢板-混凝土组合板在各国桥梁工程中也被广泛应用。杨勇[73]等对钢板-混凝土组合桥面板进行了试验研究，试验中对组合桥面板试件施加了静载及疲劳荷载，着重研究了组合桥面板中开孔抗剪连接件及名义加载剪跨比等 2 个因素对组合桥面板静载下受力行为的影响，同时分析了疲劳荷载下组合桥面板中开孔钢板布置形式、疲劳荷载幅值和疲劳加载循环次数对组合桥面板疲劳刚度和疲劳强度的影响。

1.3.3　栓钉抗剪连接件研究

钢-混凝土组合结构中，为确保钢与混凝土之间的协同工作能力，采用栓钉作为钢与混凝土界面间抗剪连接件的组合结构最为常见。栓钉为柔性的抗剪连接件，其在承受界面剪力的过程中必将发生变形，而其剪力-滑移曲线为反映其变形性能的重要物理关系。对于以栓钉作为抗剪连接件的组合结构，钢与混凝土之间的界面产生滑移之后，组合结构的承载力及刚度肯定会受到影响，因此在对钢-混凝土组合结构展开研究时，研究组合结构界面滑移特性不可避免，多年来国内外不少学者在这方面展开了研究，也提出了许多栓钉抗剪连接件的剪力-滑移模型。

研究以栓钉为抗剪连接件的组合结构界面间的滑移特性，首先要对栓钉抗剪连接件在组合板界面中的受力性能展开研究。从 20 世纪 50 年代至今，国内外学者通过大量的试验研究，得出了许多栓钉连接件抗剪承载能力的计算公式。其中 20 世纪 70 年代 Ollgaard 等[74]通过试验研究，得出了栓钉抗剪连接件抗剪承载能力的计算公式，此计算公式适用于栓钉高度比栓钉直径大 4 倍的栓钉，后来被欧美及日本写入规范，但各国均对栓钉抗剪承载力的上限提出了不同的极值。到了 20 世纪 80 年代末，随着我国栓钉焊接技术的突破，国内才开始有学者对栓钉抗剪连接件的性能进行研究，聂建国等通过试验研究，郑州工学院[75]通过试验研究，提出了相应的栓钉抗剪连接件的设计计算方法。

而对于位于钢板-混凝土组合板负弯矩区的栓钉，由于混凝土在受拉的情况下会开裂，抗剪连接件的受力性能也会受到影响。目前，各国学者对此方面的研究仍较少。

国内外学者通过试验研究，提出应该对位于钢-混凝土组合梁负弯矩区的栓钉极限抗剪承载力进行折减。R. P. Johnson 等[76]提出：钢-混凝土组合梁负弯矩区中的栓钉抗剪连接件，在受到界面剪力的同时，也受到一定的轴向拉力，并结合试验分析，提出栓钉抗剪连接件的设计抗剪承载力取印度规范《钢与混凝土组合结构施工手册》CP 117-1[77]规定值的 80%。

此后，通过试验研究，国内外规范对位于钢-混凝土组合结构中负弯矩区的栓钉极限抗剪承载力都做出了折减。其中英国《钢结构规范》[78]规定负弯矩区栓钉抗剪承载力在栓钉设计值的基础上折减 0.6 倍，相比组合结构中正弯矩区内的栓钉，其承载力缩减了四分之一。我国的《钢结构设计规范》[79]中对位于钢-混凝土组合结构中负弯矩区的栓钉，其抗剪承载力设计值的折减系数为 0.9（中间支座两侧）和 0.8（悬臂部分）。

中南大学叶新梅等[80]针对位于混凝土板受拉区的栓钉抗剪连接件进行了试验研究，并在试验中发现：栓钉位于混凝土受拉区时，其极限承载力与混凝土受力状态及破坏情况有着密切的关系，且其抗剪承载力小于位于混凝土受压区的栓钉抗剪连接件。

东南大学周安等[81]也进行了这方面的研究，其通过试验研究发现：

影响栓钉抗剪承载力的关键因素为栓钉的直径，而组合结构中混凝土的强度对栓钉抗剪承载力的影响不明显。

1.3.4 钢-混凝土组合结构刚度分析

目前对于钢-混凝土组合梁挠度的计算方法，国外进行了一些相关研究，Andrews 提出将两种材料按其各自的弹性模量换算成同一截面来分析组合梁的挠度，这种方法称为换算截面法，并未考虑界面滑移效应对组合梁刚度的影响，因此此种方法算出的挠度值偏小[82]；Newmark 等首先考虑了钢与混凝土界面相对滑移的影响，并通过试验研究，建立了钢-混凝土组合梁的微段平衡模型[83]；Wright 在 Newmark 等研究的基础上，通过试验研究推导出了夹心钢板-混凝土组合板抗弯刚度计算公式，并与试验数据对比较为吻合[84]。

国内学者对钢-混凝土组合梁的刚度研究相比国外学者较晚，聂建国等[85-86]对仅用栓钉进行抗剪连接的钢板-混凝土组合梁及钢板-混凝土组合加固梁进行了试验研究，提出在计算钢板-混凝土组合梁挠度时，应对其刚度进行折减，并提出了基于折减刚度法的相关计算公式；王力等也在考虑钢-混凝土界面滑移效应的基础上，同时考虑截面塑性发展对钢-混凝土组合梁刚度的影响，通过理论推导，建立了截面刚度计算公式[87]；张新财等针对预应力夹心钢板-混凝土组合板从弹性理论分析的角度，研究了组合板的界面剪力，提出了组合板在集中荷载作用下界面剪力的计算公式[88]。

1.3.5 亟待开展研究的主要问题

通过栓钉抗剪连接件将钢板与后浇混凝土组合成整体，如果栓钉布置得当，混凝土可充分发挥其抗压性能，钢板可抵抗底板平面内任意方向的拉应力，栓钉传递钢板与混凝土之间的剪力并防止二者的分离，形成很好的组合效应[8]。尽管钢板-混凝土组合板结构已显示出其良好的应用前景，但是当前对它的理论研究工作并不多见，远远落后于工程实践，国内外目前尚缺乏相关的研究成果和专门针对这种组合板的设计方法，还有一些问题需要做更深入的研究，包括以下几个方面：

（1）钢板-混凝土组合板受弯破坏机理的研究。需要深入研究组合板抗弯承载性能，与此同时，钢板-混凝土组合板在何种荷载情况下发生何种破坏模式尚不明确。因此，需要研究组合板的参数变化对其破坏模式的影响，获得发生各类型破坏模式的界限状态。

（2）通过试验研究发现钢-混凝土界面产生的滑移会对钢板与混凝土板协同工作能力产生影响，导致钢板-混凝土组合板的抗弯承载力及刚度有不同程度地下降。目前尚缺乏对钢-混凝土界面滑移特性的深入研究。

（3）从国内外研究现状可以看出，国外对钢板-混凝土剪力墙的研究相对较多，主要是针对栓钉的材料性能和剪切方面的设计方法进行研究；而国内对钢-混凝土组合构件的研究主要是型钢-混凝土组合梁和双钢板-混凝土组合剪力墙。国内外的研究都集中于双钢板-混凝土组合构件，虽然在单钢板-混凝土组合板方面也取得了一系列的研究成果，但都局限于抗弯性能方面。在实际工程中单钢板-混凝土组合板（见图1-6）已经广泛应用于组合加固和轨道桥梁等方面，当作为抗剪构件时如何计算单钢板-混凝土组合板中钢板和混凝土分别承担的剪力，并且准确地反映钢板和混凝土材料性能以及界面的剪力连接程度等对组合板构件产生的影响成为抗剪加固工程中亟需解决的问题。与此同时，目前对混凝土抗剪性能的分析，对于通用有限元软件，其默认的都是固定裂缝模型，要应用转动裂缝模型需要在有限元的基础上进行材料的二次开发，目前对钢板-混凝土组合板抗剪性能还缺乏系统的研究。

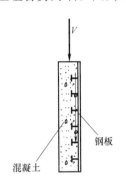

图1-6　钢板-混凝土组合板组合抗剪示意图

（4）国内外关于组合结构刚度分析方法大多针对钢-混凝土组合梁这种结构形式，而专门针对钢板-混凝土组合板的挠度计算和刚度分析则涉及甚少，需要开展相关研究。

第 2 章　钢板-混凝土组合板的弹性剪切屈曲性能研究

　　研究组合板的弹性剪切屈曲性能，首先需要建立其合理的分析模型，柔性栓钉抗剪连接件在传递钢与混凝土界面水平剪力时会产生变形，引起交界面产生相对滑移，使其稳定问题进一步复杂化，组合板交界面的滑移效应有待进一步研究。Clarke 和 Morley 最早提出非完全剪力连接组合板变形理论[14]，但其成果仅适用于钢板厚度与混凝土板厚度相比非常小的情况。日本的 Koichi Sato[15]建立了非完全剪力连接组合板弹性屈曲分析的一系列偏微分方程组，并对完全剪力连接组合板、非完全剪力连接板及无连接板等情况的轴心受压屈曲荷载进行了对比分析。

　　组合板受剪时，其受力特征类似于组合钢板剪力墙的受力特征，美国《钢结构抗震设计规范》SSPEC—2002[96]中 C17 条文关于钢板剪力墙有如下阐述：必须保证混凝土板的厚度和抗剪连接件的间距，以防止钢板整体或局部屈曲先于钢板屈服。该条文包含两层意思：其一，混凝土板必须具有足够的厚度以防止组合板发生如图 2-1 所示的整体屈曲；其二，栓钉间距也要满足一定要求以防止钢板发生如图 2-2 所示的局部屈曲（即满足栓钉间的钢板屈服

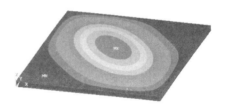

图 2-1　钢板-混凝土组合板的
一阶整体屈曲模态

先于局部屈曲）。本章在保证栓钉所连接的钢板不发生局部屈曲的前提下，根据夹层板理论，通过在钢与混凝土之间设置假想的剪切薄层，模拟钢板-混凝土组合板界面滑移效应，建立考虑滑移效应的组合板分析模型，并推导出四边简支矩形组合板在均匀受剪状态下的整体弹性屈曲方程，并分析了界面剪切滑移刚度对屈曲荷载的影响。通过参数分析拟合了防止完全剪力连接四边简支组合板发生整体屈曲所需混凝土板的最小厚度计算公式。另一方面，采用有限元计算方法，在混凝土板具有足够厚度且保证组合板不发生整体屈曲的基础上，通过数值分析，研究钢板-混凝土组合板

图 2-2　钢板-混凝土组合板的局部屈曲形态

在纯剪切作用下发生局部屈曲的特征，建立具有典型边界条件的单块钢板计算模型来近似模拟栓钉包围钢板的局部屈曲特性，利用该钢板模型与组合板中钢板局部屈曲应力的数值关系，推导出四边简支组合板栓钉连接最大间距计算公式。

2.1　钢板-混凝土组合板整体弹性屈曲分析

2.1.1　钢板-混凝土组合板分析模型

取均匀厚度板作为研究对象，板的厚度与板面内的最小特征尺寸相比较小，满足薄板理论，如图 2-3、图 2-4 所示，组合板的长度为 a，宽度为 b，混凝土板的厚度为 h，钢板的厚度为 t，它们各自中和轴到组合板中和轴的距离分别为 h_c、h_s，h_v 为混凝土板中和轴与钢板中和轴之间的距离。当钢板与混凝土的之间连接可靠时，可以忽略界面滑移效应时，形成完全剪力连接板，即混凝土板与钢板在连接面协调变形。此时，可以按换算截面法将组合板视为单一材料薄板，取单位板宽组合板，其几何特性值计算如下（钢板、混凝土板的弹性模量分别为 E_s、E_c，相应泊松比分别为 ν_s、ν_c）：

$$
\begin{cases}
A_c = h \\
A_s = t \\
A = A_s + \dfrac{A_c}{n} \\
A_0 = \dfrac{A_c A_s}{n A_s + A_c}
\end{cases}
\tag{2-1}
$$

$$
\begin{cases}
I_c = \dfrac{h^3}{12} \\
I_s = \dfrac{t^3}{12} \\
I = \dfrac{I_c}{n} + I_s + A_0 h_v^2
\end{cases}
\tag{2-2}
$$

$$\begin{cases} D_{\mathrm f}=\overline{E}_{\mathrm s}\left(\dfrac{I_{\mathrm c}}{n}+I_{\mathrm s}\right) \\ D_{\mathrm v}=\overline{E}_{\mathrm s}A_0 h_{\mathrm v}^2 \\ D=D_{\mathrm f}+D_{\mathrm v} \end{cases} \tag{2-3}$$

建立钢板-混凝土组合板考虑滑移效应的分析模型：

$$\begin{cases} \overline{n}=\dfrac{\overline{E}_{\mathrm s}}{\overline{E}_{\mathrm c}} \\ \overline{E}_{\mathrm s}=\dfrac{E_{\mathrm s}}{1-\nu_{\mathrm s}^2} \\ \overline{E}_{\mathrm c}=\dfrac{E_{\mathrm c}}{1-\nu_{\mathrm c}^2} \end{cases} \tag{2-4}$$

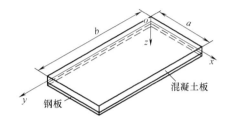 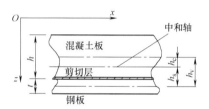

图 2-3　组合板尺寸　　图 2-4　组合板分析模型

根据铁摩辛柯薄板理论[89]，完全剪力连接组合板平衡微分方程为：

$$D \nabla^2 \nabla^2 w = N_{\mathrm x}\frac{\partial^2 w}{\partial x^2} + 2N_{\mathrm{xy}}\frac{\partial^2 w}{\partial x \partial y} + N_{\mathrm y}\frac{\partial^2 w}{\partial y^2} + p(x,y) \tag{2-5}$$

式中　　　　∇^2——拉普拉斯算子，$\nabla^2 = \dfrac{\partial^2}{\partial x^2} + \dfrac{\partial^2}{\partial y^2}$；

　　　　　D——单位板宽完全剪力连接组合板等效弯曲刚度；

　　　　　w——组合板竖向挠度；

$N_{\mathrm x}$、$N_{\mathrm y}$、N_{xy}——沿组合板 x、y 方向上的轴向力以及平行于 xy 平面的剪力；

　　$p(x, y)$——平行于 z 轴方向的横向荷载。

完全剪力连接组合板沿板厚度方向的力矩和扭矩为[89]：

$$M_{\mathrm x} = -D\left(\frac{\partial^2 w}{\partial x^2} + \nu \frac{\partial^2 w}{\partial y^2}\right)$$

$$M_{\mathrm y} = -D\left(\frac{\partial^2 w}{\partial y^2} + \nu \frac{\partial^2 w}{\partial x^2}\right) \tag{2-6}$$

$$M_{\mathrm{xy}} = -D(1-\nu)\frac{\partial^2 w}{\partial x \partial y}$$

式中　ν——组合板的泊松比（考虑到钢、混凝土的泊松比较接近参考文献[90]，为简化后续公式推导，取 ν 为钢材的泊松比）。

当需要考虑钢板和混凝土板的界面滑移效应时，本文采取类似文献[91]的方法，在两者之间设置一层很薄的剪切层，剪切层只承受剪切作用，形成类似的夹层板进行分析。

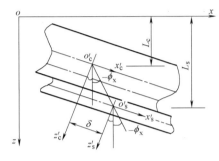

图 2-5　组合板连接面滑移效应

如图 2-5 所示，该模型基于以下几点假设：

（1）一般情况下，混凝土板与钢板的竖向相对位移很小，可以忽略不计。因此，假定混凝土板、钢板和剪切层的 $\varepsilon_z = 0$，即三者的竖向挠曲变形完全相等。

（2）剪切层较软，忽略剪切层中平行于 xy 平面的应力分量，即假定在夹心层中 $\sigma_x = \sigma_y = \tau_{xy} = 0$。

（3）在混凝土板、钢板和剪切层中，应力分量 σ_z 很小，所以可以假定 $\sigma_z = 0$。

（4）混凝土板和钢板的厚度均较薄，视为通常的薄板。

（5）混凝土板和钢板为各向同性的弹性体，应力与应变关系服从胡克定律，并符合小挠度理论。

2.1.2　平衡微分方程的建立

将组合板视为由混凝土板、剪切层和钢板所组成的夹层板结构。混凝土板和钢板各自的局部坐标如图 2-5 所示，直角坐标系 $\{o, x', y', z'\}$ 中 z' 轴为组合板的法线方向。在外部荷载作用下，剪切层发生剪切变形，钢板中面与混凝土板中面产生相对转角 ϕ。引入转角位移函数 ϕ_x、ϕ_y，它们分别为直线段 $o'_c o'_s$ 在整体坐标系 xz 和 yz 平面内的转角。x 轴和 y 轴到 z 轴的转向为正方向，变形后的直线段 $o'_c o'_s$ 不再垂直于中面。L_c、L_s 分别为混凝土板、钢板中性轴上 o'_c、o'_s 在整体坐标系中 z 向坐标。

假定 u_c、v_c 分别为混凝土板各点在 x、y 轴方向的位移，u_s、v_s 分别

为钢板各点在 x、y 轴方向的位移，可以得到如下位移表达式[91]：

$$
\begin{cases}
u_c = -L_c\phi_x + z_c'\dfrac{\partial w}{\partial x} \\[2mm]
v_c = -L_c\phi_y + z_c'\dfrac{\partial w}{\partial y} \\[2mm]
u_s = -L_s\phi_x + z_s'\dfrac{\partial w}{\partial x} \\[2mm]
v_s = -L_s\phi_y + z_s'\dfrac{\partial w}{\partial y}
\end{cases}
\tag{2-7}
$$

令 σ_{cx}、σ_{cy}、τ_{cxy} 和 σ_{sx}、σ_{sy}、τ_{sxy} 分别为混凝土板和钢板中的应力分量，根据假设条件（5）有：

$$
\begin{cases}
\sigma_{cx} = \dfrac{E_c}{1-\nu_c^2}\left(\dfrac{\partial u_c}{\partial x} + \nu\dfrac{\partial v_c}{\partial y}\right) \\[3mm]
\sigma_{cy} = \dfrac{E_c}{1-\nu_c^2}\left(\dfrac{\partial v_c}{\partial y} + \nu\dfrac{\partial u_c}{\partial x}\right) \\[3mm]
\sigma_{sx} = \dfrac{E_s}{1-\nu_s^2}\left(\dfrac{\partial u_s}{\partial x} + \nu\dfrac{\partial v_s}{\partial y}\right) \\[3mm]
\sigma_{sy} = \dfrac{E_s}{1-\nu_s^2}\left(\dfrac{\partial v_s}{\partial y} + \nu\dfrac{\partial u_s}{\partial x}\right) \\[3mm]
\tau_{cxy} = \dfrac{E_c}{2(1+\nu_c)}\left(\dfrac{\partial u_c}{\partial y} + \dfrac{\partial v_c}{\partial x}\right) \\[3mm]
\tau_{sxy} = \dfrac{E_s}{2(1+\nu_s)}\left(\dfrac{\partial u_s}{\partial y} + \dfrac{\partial v_s}{\partial x}\right)
\end{cases}
\tag{2-8}
$$

式中 ν 统一取组合板的泊松比。

对公式（2-8）沿板厚度方向进行积分，得到如图 2-6 所示夹层板中各层的内力，包括混凝土板、钢板在 x、y 轴方向上的轴向力 N_{cx}、N_{sx}、N_{cy}、N_{sy} 和弯矩 M_{cx}、M_{sx}、M_{cy}、M_{sy} 及在 xy 平面内的剪力 N_{cxy}、N_{sxy} 和扭矩 M_{cxy}、M_{sxy}，计算公式如下：

$$
\begin{cases}
N_{cx} = \overline{E}_c\left[-A_cL_c\left(\dfrac{\partial \phi_x}{\partial x} + \nu\dfrac{\partial \phi_y}{\partial y}\right) + S_c\left(\dfrac{\partial^2 w}{\partial x^2} + \nu\dfrac{\partial^2 w}{\partial y^2}\right)\right] \\[3mm]
N_{cy} = \overline{E}_c\left[-A_cL_c\left(\dfrac{\partial \phi_y}{\partial y} + \nu\dfrac{\partial \phi_x}{\partial x}\right) + S_c\left(\dfrac{\partial^2 w}{\partial y^2} + \nu\dfrac{\partial^2 w}{\partial x^2}\right)\right] \\[3mm]
N_{sx} = \overline{E}_s\left[-A_sL_s\left(\dfrac{\partial \phi_x}{\partial x} + \nu\dfrac{\partial \phi_y}{\partial y}\right) + S_s\left(\dfrac{\partial^2 w}{\partial x^2} + \nu\dfrac{\partial^2 w}{\partial y^2}\right)\right] \\[3mm]
N_{sy} = \overline{E}_s\left[-A_sL_s\left(\dfrac{\partial \phi_y}{\partial y} + \nu\dfrac{\partial \phi_x}{\partial x}\right) + S_s\left(\dfrac{\partial^2 w}{\partial y^2} + \nu\dfrac{\partial^2 w}{\partial x^2}\right)\right]
\end{cases}
\tag{2-9}
$$

$$
\begin{cases}
N_{cxy}=\dfrac{E_c}{2(1+\nu)}\left[-A_cL_c\left(\dfrac{\partial\phi_x}{\partial y}+\nu\,\dfrac{\partial\phi_y}{\partial x}\right)+2S_c\dfrac{\partial^2 w}{\partial x\partial y}\right]\\[3mm]
N_{sxy}=\dfrac{E_s}{2(1+\nu)}\left[-A_sL_s\left(\dfrac{\partial\phi_x}{\partial y}+\nu\,\dfrac{\partial\phi_y}{\partial x}\right)+2S_s\dfrac{\partial^2 w}{\partial x\partial y}\right]
\end{cases}\tag{2-10}
$$

$$
\begin{cases}
M_{cx}=\overline{E}_c\left[-S_cL_c\left(\dfrac{\partial\phi_x}{\partial x}+\nu\,\dfrac{\partial\phi_y}{\partial y}\right)+I_c\left(\dfrac{\partial^2 w}{\partial x^2}+\nu\,\dfrac{\partial^2 w}{\partial y^2}\right)\right]\\[3mm]
M_{cy}=\overline{E}_c\left[-S_cL_c\left(\dfrac{\partial\phi_y}{\partial x}+\nu\,\dfrac{\partial\phi_x}{\partial y}\right)+I_c\left(\dfrac{\partial^2 w}{\partial y^2}+\nu\,\dfrac{\partial^2 w}{\partial x^2}\right)\right]\\[3mm]
M_{sx}=\overline{E}_s\left[-S_sL_s\left(\dfrac{\partial\phi_x}{\partial x}+\nu\,\dfrac{\partial\phi_y}{\partial y}\right)+I_s\left(\dfrac{\partial^2 w}{\partial x^2}+\nu\,\dfrac{\partial^2 w}{\partial y^2}\right)\right]\\[3mm]
M_{sy}=\overline{E}_s\left[-S_sL_s\left(\dfrac{\partial\phi_y}{\partial y}+\nu\,\dfrac{\partial\phi_x}{\partial x}\right)+I_s\left(\dfrac{\partial^2 w}{\partial y^2}+\nu\,\dfrac{\partial^2 w}{\partial x^2}\right)\right]
\end{cases}\tag{2-11}
$$

$$
\begin{cases}
M_{cxy}=\dfrac{E_c}{2(1+\nu)}\left[-S_cL_c\left(\dfrac{\partial\phi_x}{\partial y}+\nu\,\dfrac{\partial\phi_y}{\partial x}\right)+2I_c\dfrac{\partial^2 w}{\partial x\partial y}\right]\\[3mm]
M_{sxy}=\dfrac{E_s}{2(1+\nu)}\left[-S_sL_s\left(\dfrac{\partial\phi_x}{\partial y}+\nu\,\dfrac{\partial\phi_y}{\partial x}\right)+2I_s\dfrac{\partial^2 w}{\partial x\partial y}\right]
\end{cases}\tag{2-12}
$$

式中　A_c、A_s——单位宽度混凝土板和钢板面积；

S_c、S_s、I_c、I_s——混凝土板和钢板绕各自中和轴的一阶和二阶面积矩。

$$
\begin{cases}
S_c=\displaystyle\int_{A_c}z_c\mathrm{d}A=0\\[3mm]
S_s=\displaystyle\int_{A_s}z_s\mathrm{d}A=0\\[3mm]
I_c=\displaystyle\int_{A_c}z_c^2\mathrm{d}A=\dfrac{h^3}{12}\\[3mm]
I_s=\displaystyle\int_{A_s}z_s^2\mathrm{d}A=\dfrac{t^3}{12}
\end{cases}\tag{2-13}
$$

当混凝土板与钢板并非完全剪力连接时，两者之间将产生相对滑移，即剪切层将发生剪切变形。如图 2-6 所示，假设单位宽度剪切层中存在水平剪力 q，当板件沿 x、y 方向栓钉布置间距相近时，两方向剪切层弹性剪切刚度可视为近似相等，设剪切刚度为 K，由图 2-6 所示，可进一步得到：

$$
\begin{cases}
q_x=K\delta_x=Kh_v\left(\dfrac{\partial w}{\partial x}-\phi_x\right)\\[3mm]
q_y=K\delta_y=Kh_v\left(\dfrac{\partial w}{\partial y}-\phi_y\right)
\end{cases}\tag{2-14}
$$

式中　δ_x、δ_y——混凝土板与钢板之间在 x 轴和 y 轴方向上的滑移值。

分别取混凝土板和钢板为隔离体，如图 2-6 所示。对隔离体左端取矩，根据平衡条件有：

$$\begin{cases} Q_{cx}=\dfrac{\partial M_{cx}}{\partial x}+\dfrac{\partial M_{cxy}}{\partial y}+q_x\dfrac{h}{2} \\[2mm] Q_{cy}=\dfrac{\partial M_{cy}}{\partial y}+\dfrac{\partial M_{cxy}}{\partial x}+q_y\dfrac{h}{2} \\[2mm] Q_{sx}=\dfrac{\partial M_{sx}}{\partial x}+\dfrac{\partial M_{sxy}}{\partial y}+q_x\dfrac{h}{2} \\[2mm] Q_{sy}=\dfrac{\partial M_{sy}}{\partial y}+\dfrac{\partial M_{sxy}}{\partial x}+q_y\dfrac{h}{2} \end{cases} \tag{2-15}$$

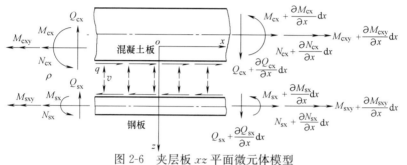

图 2-6　夹层板 xz 平面微元体模型

由此可知，组合板中的总弯矩 M_x、M_y，总扭矩 M_{xy} 和总剪力 Q_x、Q_y 为：

$$\begin{cases} M_x=M_{cx}+M_{sx}+(N_{cx}L_c+N_{sx}L_s) \\ M_y=M_{cy}+M_{sy}+(N_{cy}L_c+N_{sy}L_s) \\ M_{xy}=M_{cxy}+M_{sxy}+(N_{cxy}L_c+N_{sxy}L_s) \\ Q_x=Q_{cx}+Q_{sx} \\ Q_y=Q_{cy}+Q_{sy} \end{cases} \tag{2-16}$$

将公式（2-3）、公式（2-9）～公式（2-15）代入公式（2-16），可以得到：

$$\begin{cases} M_x=-D_f\left(\dfrac{\partial^2 w}{\partial x^2}+v\dfrac{\partial^2 w}{\partial y^2}\right)-D_v\left(\dfrac{\partial \phi_x}{\partial x}+v\dfrac{\partial \phi_y}{\partial y}\right) \\[2mm] M_y=-D_f\left(\dfrac{\partial^2 w}{\partial y^2}+v\dfrac{\partial^2 w}{\partial x^2}\right)-D_v\left(\dfrac{\partial \phi_y}{\partial y}+v\dfrac{\partial \phi_x}{\partial x}\right) \\[2mm] M_{xy}=-D_f(1-v)\dfrac{\partial^2 w}{\partial x\partial y}-\dfrac{D_v}{2}(1-v)\left(\dfrac{\partial \phi_x}{\partial y}+\dfrac{\partial \phi_y}{\partial x}\right) \\[2mm] Q_x=-D_f\dfrac{\partial}{\partial x}\left(\dfrac{\partial^2 w}{\partial x^2}+\dfrac{\partial^2 w}{\partial y^2}\right)+Kh_v^2\left(\dfrac{\partial w}{\partial x}-\phi_x\right) \\[2mm] Q_y=-D_f\dfrac{\partial}{\partial y}\left(\dfrac{\partial^2 w}{\partial x^2}+\dfrac{\partial^2 w}{\partial y^2}\right)+Kh_v^2\left(\dfrac{\partial w}{\partial y}-\phi_y\right) \end{cases} \tag{2-17}$$

根据假设条件（4），由薄板理论得到组合板的整体平衡方程为：

$$\frac{\partial M_x}{\partial x}+\frac{\partial M_{xy}}{\partial y}-Q_x=0 \tag{2-18}$$

$$\frac{\partial M_y}{\partial y}+\frac{\partial M_{xy}}{\partial x}-Q_y=0 \tag{2-19}$$

$$\frac{\partial Q_x}{\partial x}+\frac{\partial Q_y}{\partial y}+N_x\frac{\partial^2 w}{\partial x^2}+N_y\frac{\partial^2 w}{\partial y^2}+2N_{xy}\frac{\partial^2 w}{\partial x\partial y}+p(x,y)=0 \quad (2\text{-}20)$$

将公式（2-17）代入公式（2-18）~公式（2-20），化简后得到由广义位移 ϕ_x、ϕ_y 和 w 表示的平衡方程：

$$D_v\left(\frac{\partial^2\phi_x}{\partial x^2}+\frac{1-v}{2}\frac{\partial^2\phi_x}{\partial y^2}+\frac{1+v}{2}\frac{\partial^2\phi_y}{\partial x\partial y}\right)+Kh_v^2\left(\frac{\partial w}{\partial x}-\phi_x\right)=0 \quad (2\text{-}21)$$

$$D_v\left(\frac{\partial^2\phi_y}{\partial y^2}+\frac{1-v}{2}\frac{\partial^2\phi_y}{\partial x^2}+\frac{1+v}{2}\frac{\partial^2\phi_x}{\partial x\partial y}\right)+Kh_v^2\left(\frac{\partial w}{\partial y}-\phi_y\right)=0 \quad (2\text{-}22)$$

$$Kh_v^2\left(\nabla^2 w-\frac{\partial\phi_x}{\partial x}-\frac{\partial\phi_y}{\partial y}\right)-D_f\nabla^4 w+N_x\frac{\partial^2 w}{\partial x^2}+$$
$$2N_{xy}\frac{\partial^2 w}{\partial x\partial y}+N_y\frac{\partial^2 w}{\partial y^2}+p(x,y)=0 \quad (2\text{-}23)$$

由此得到了考虑滑移效应的钢板-混凝土组合板平衡微分方程组。

下面讨论边界条件，令板中面在 xy 平面上的边界线为 c，边界线的切线方向为 s，向外的法线方向为 n，并规定 n 到 s 的转向与 x 轴到 y 轴的转向相同。令 n 与 x 轴的夹角为 α，则法线方向 n 的方向余弦 l、m 为 $l=\cos\alpha$、$m=\sin\alpha$。

四条板边共有 16 个边界条件，边界上的内力情况均可以用广义位移函数表示出来，文献给出几种典型边界条件，如简支边、固定边及自由边。

由于偏微分方程组（即公式（2-21）~公式（2-23））自身较为复杂，如果直接求解将会遇到很大困难。基于夹层板理论，胡海昌[92]曾把这组方程进行了简化，归并为求解两个函数的两个方程。令 w、ϕ_x 和 ϕ_y 由另外两个函数 ω 和 f 来表示，则 ω 和 f 应满足下列基本微分方程：

$$\begin{cases} D\nabla^4\omega-\dfrac{D_fD_v}{Kh_v^2}\nabla^6\omega \\ \quad -\left(N_x\dfrac{\partial^2}{\partial x^2}+2N_{xy}\dfrac{\partial^2}{\partial x\partial y}+N_y\dfrac{\partial^2}{\partial y^2}\right)\left(\omega-\dfrac{D_v}{Kh_v^2}\nabla^2\omega\right)-p(x,y)=0 \quad (2\text{-}24) \\ \dfrac{1}{2}D_v(1-v)\nabla^2 f-Kh_v^2 f=0 \end{cases}$$

对于周边简支的多边形板，其边界条件可最终简化为：

$$\begin{cases} \omega=0 \\ \nabla^2\omega=0 \\ \dfrac{\partial f}{\partial n}=0 \end{cases} \quad (2\text{-}25)$$

函数 f 同时满足方程（2-24）和条件（2-25），由此证得 $f\equiv 0$。

2.1.3　四边简支矩形组合板的弹性剪切屈曲分析

由上述推导可得到考虑滑移效应的四边简支矩形组合板在纯剪切下的

基本方程为：

$$D\nabla^4\omega - \frac{D_f D_v}{Kh_v^2}\nabla^6\omega - 2N_{xy}\frac{\partial^2}{\partial x\partial y}\left(\omega - \frac{D_v}{Kh_v^2}\nabla^2\omega\right) = 0 \tag{2-26}$$

边界条件如下所示：

$$\omega = \frac{\partial^2\omega}{\partial x^2} = \frac{\partial^4\omega}{\partial x^4} = 0 \quad (\text{当 } x=0 \text{ 和 } x=a \text{ 时}) \tag{2-27}$$

$$\omega = \frac{\partial^2\omega}{\partial y^2} = \frac{\partial^4\omega}{\partial y^4} = 0 \quad (\text{当 } y=0 \text{ 和 } y=b \text{ 时}) \tag{2-28}$$

满足边界条件（2-27）和边界条件（2-28）的函数 ω 可取如下形式：

$$\omega = \sum_m \sum_n A_{mn}\sin\frac{m\pi x}{a}\sin\frac{n\pi y}{b} \tag{2-29}$$

式中 A_{mn} 为任意常数，m 和 n 分别是组合板在 x 和 y 方向的屈曲半波数，为正整数。为了与文献[93]采用里兹法求解屈曲荷载的情况进行对比，本章也近似取如下五项进行计算：

$$\omega = A_{11}\sin\frac{\pi x}{a}\sin\frac{\pi y}{b} + A_{22}\sin\frac{2\pi x}{a}\sin\frac{2\pi y}{b} + A_{13}\sin\frac{\pi x}{a}\sin\frac{3\pi y}{b}$$
$$+ A_{31}\sin\frac{3\pi x}{a}\sin\frac{\pi y}{b} + A_{33}\sin\frac{3\pi x}{a}\sin\frac{3\pi y}{b} \tag{2-30}$$

采用伽辽金方法，设：

$$L(\omega) = D\nabla^4\omega - \frac{D_f D_v}{Kh_v^2}\nabla^6\omega - 2N_{xy}\frac{\partial^2}{\partial x\partial y}\left(\omega - \frac{D_v}{Kh_v^2}\nabla^2\omega\right) \tag{2-31}$$

将公式（2-31）代入公式（2-26），建立伽辽金方程组为：

$$\begin{cases} \displaystyle\int_0^a\int_0^b L(\omega)\sin\frac{\pi x}{a}\sin\frac{\pi y}{b}\mathrm{d}x\mathrm{d}y = 0 \\[2ex] \displaystyle\int_0^a\int_0^b L(\omega)\sin\frac{2\pi x}{a}\sin\frac{2\pi y}{b}\mathrm{d}x\mathrm{d}y = 0 \\[2ex] \displaystyle\int_0^a\int_0^b L(\omega)\sin\frac{\pi x}{a}\sin\frac{3\pi y}{b}\mathrm{d}x\mathrm{d}y = 0 \\[2ex] \displaystyle\int_0^a\int_0^b L(\omega)\sin\frac{3\pi x}{a}\sin\frac{\pi y}{b}\mathrm{d}x\mathrm{d}y = 0 \\[2ex] \displaystyle\int_0^a\int_0^b L(\omega)\sin\frac{3\pi x}{a}\sin\frac{3\pi y}{b}\mathrm{d}x\mathrm{d}y = 0 \end{cases} \tag{2-32}$$

将公式（2-30）、公式（2-31）代入公式（2-32）中，有

$$\iint\limits_{0}^{a\ b}\left(D\nabla^4\omega-\frac{D_\mathrm{f}D_\mathrm{v}}{Kh_\mathrm{v}^2}\nabla^6\omega\right)\sin\frac{i\pi x}{a}\sin\frac{j\pi y}{b}\mathrm{d}x\mathrm{d}y=0\ 及$$

$$\iint\limits_{0}^{a\ b}\left[-2N_{xy}\frac{\partial^2}{\partial x\partial y}\left(\omega-\frac{D_\mathrm{v}}{Kh_\mathrm{v}^2}\nabla^2\omega\right)\right]\sin\frac{i\pi x}{a}\sin\frac{j\pi y}{b}\mathrm{d}x\mathrm{d}y\ 的积分结果分别为：$$

$$\iint\limits_{0}^{a\ b}\left[D\nabla^4\left(\sum_m\sum_nA_{mn}\sin\frac{m\pi x}{a}\sin\frac{n\pi y}{b}\right)-\frac{D_\mathrm{f}D_\mathrm{v}}{Kh_\mathrm{v}^2}\nabla^6\right.$$

$$\left.\left(\sum_m\sum_nA_{mn}\sin\frac{m\pi x}{a}\sin\frac{n\pi y}{b}\right)\right]\sin\frac{i\pi x}{a}\sin\frac{j\pi y}{b}\mathrm{d}x\mathrm{d}y$$

$$=\begin{cases}\dfrac{b}{4}A_{mn}\left\{D\left[\left(\dfrac{m\pi}{a}\right)^2+\left(\dfrac{n\pi}{b}\right)^2\right]^2+\dfrac{D_\mathrm{f}D_\mathrm{v}}{Kh_\mathrm{v}^2}\left[\left(\dfrac{m\pi}{a}\right)^2+\left(\dfrac{n\pi}{b}\right)^2\right]^3\right\}&（当\ i\ne m\ 或\ j\ne n\ 时）\\[6pt]0&（当\ i=m\ 或\ j\ne n\ 时）\end{cases}$$

$$(2\text{-}33)$$

$$\iint\limits_{0}^{a\ b}-2N_{xy}\frac{\partial^2}{\partial x\partial y}\left[\sum_m\sum_nA_{mn}\sin\frac{m\pi x}{a}\sin\frac{n\pi y}{b}-\frac{D_\mathrm{v}}{Kh_\mathrm{v}^2}\nabla^2\right.$$

$$\left.\left(\sum_m\sum_nA_{mn}\sin\frac{m\pi x}{a}\sin\frac{n\pi y}{b}\right)\right]\sin\frac{i\pi x}{a}\sin\frac{j\pi y}{b}\mathrm{d}x\mathrm{d}y$$

$$=-\iint\limits_{0}^{a\ b}2N_{xy}\sum_m\sum_nA_{mn}\left\{\frac{mn\pi^2}{ab}+\frac{mn\pi^2}{ab}\frac{D_\mathrm{v}}{Kh_\mathrm{v}^2}\left[\left(\frac{m\pi}{a}\right)^2+\left(\frac{n\pi}{b}\right)^2\right]\right\}$$

$$\cos\frac{m\pi x}{a}\cos\frac{n\pi y}{b}\sin\frac{i\pi x}{a}\sin\frac{j\pi y}{b}\mathrm{d}x\mathrm{d}y\qquad(2\text{-}34)$$

公式（2-33）、公式（2-34）中 $\{m,\ n\}$ 依次取值为 $\{(1,1)$，$(2,2)$，$(1,3)$，$(3,1)$，$(3,3)\}$，整理上述公式得到关于 A_{11}、A_{22}、A_{13}、A_{31}、A_{33} 的一次方程组，方程组有非零解的条件是，该系数行列式为零，令 $\alpha=\dfrac{a}{b}$，α 为组合板的长宽比，$\lambda=\dfrac{\pi^4D}{32\alpha N_{xy}b^2}$，$\chi=\dfrac{\pi^2D_\mathrm{f}D_\mathrm{v}}{DKh_\mathrm{v}^2a^2}$，$\eta=\dfrac{\pi^2D_\mathrm{v}}{Kh_\mathrm{v}^2a^2}$，该行列式可简化为：

$$\begin{vmatrix}
\dfrac{\lambda}{a^2}\left[(1+\alpha^2)^2-\chi(1+\alpha^2)^3\right]-\dfrac{4}{9}\left[1+\eta(1+\alpha^2)\right] & -\dfrac{4}{9}\left[1+\eta(1+\alpha^2)\right] & \dfrac{4}{5}\left[1+\dfrac{\eta}{3}(1+9\alpha^2)\right] & \dfrac{4}{5}\left[1+\dfrac{\eta}{3}(9+\alpha^2)\right] & -\dfrac{36}{25}\left[1+\eta(1+\alpha^2)\right] \\[2mm]
-\dfrac{4}{9}\left[1+\eta(1+\alpha^2)\right] & \dfrac{16\lambda}{a^2}\left[(1+\alpha^2)^2-4\chi(1+\alpha^2)^3\right] & 0 & 0 & 0 \\[2mm]
\dfrac{4}{5}\left[1+\eta(1+\alpha^2)\right] & 0 & \dfrac{\lambda}{a^2}\left[(1+9\alpha^2)^2-\chi(1+9\alpha^2)^3\right] & 0 & 0 \\[2mm]
\dfrac{4}{5}\left[1+\eta(1+\alpha^2)\right] & 0 & 0 & \dfrac{\lambda}{a^2}\left[(9+\alpha^2)^2-\chi(9+\alpha^2)^3\right] & 0 \\[2mm]
-\dfrac{36}{25}\left[1+\eta(1+\alpha^2)\right] & 0 & 0 & 0 & \dfrac{81\lambda}{a^2}\left[(1+\alpha^2)^2-9\chi(1+\alpha^2)^3\right]
\end{vmatrix}=0$$

（2-35）

求解系数行列式（2-35）即可获得四边简支板的剪切屈曲荷载 N_{xy}。当剪切层水平剪切刚度 K 无穷大，即组合板中钢板与混凝土板的界面为完全剪力连接时，$\chi=0$、$\eta=0$，公式（2-35）可简化为：

$$
\begin{vmatrix}
\dfrac{\lambda}{\alpha^2}(1+\alpha^2)^2 & -\dfrac{4}{9} & 0 & 0 & 0 \\[2mm]
-\dfrac{4}{9} & \dfrac{16\lambda}{\alpha^2}(1+\alpha^2)^2 & \dfrac{4}{5} & \dfrac{4}{5} & -\dfrac{36}{25} \\[2mm]
0 & \dfrac{4}{5} & \dfrac{\lambda}{\alpha^2}(1+9\alpha^2)^2 & 0 & 0 \\[2mm]
0 & \dfrac{4}{5} & 0 & \dfrac{\lambda}{\alpha^2}(9+\alpha^2)^2 & 0 \\[2mm]
0 & -\dfrac{36}{25} & 0 & 0 & \dfrac{81\lambda}{\alpha^2}(1+\alpha^2)^2
\end{vmatrix}=0
$$

$$\tag{2-36}$$

可以看出，式（2-36）与文献[93]采用里兹法求得的行列式吻合，而后者是基于普通板件纯剪切的经典基本方程推导而来的。如果忽略界面滑移效应，组合板的基本方程比普通板件纯剪切多出的 $-\dfrac{D_f D_v}{K h_v^2}\nabla^6\omega$、$2N_{xy}\dfrac{\partial^2}{\partial x \partial y}$ $\left(\dfrac{D_v}{K h_v^2}\nabla^2\omega\right)$ 两项为零，该方程转化为普通板的基本方程（仅部分参数的含义有所不同），其求解结果自然和前者一致。这表明以上的理论分析方法和推导过程是可靠的，而且具有普遍性。求解该行列式可得：

$$
\begin{cases}
\lambda=\pm\dfrac{\alpha^2}{9\,(1+\alpha^2)^2}S \\[3mm]
S=\left[1+\dfrac{81}{625}+\dfrac{81}{25}\dfrac{(1+\alpha^2)^2}{(1+9\alpha^2)^2}+\dfrac{81}{25}\dfrac{(1+\alpha^2)^2}{(9+\alpha^2)^2}\right]^{\frac{1}{2}}
\end{cases}
$$

$$\tag{2-37}$$

因此：

$$
N_{xycr}=\frac{9\pi^4 D\,(1+\alpha^2)^2}{32\alpha^3 b^2 S}=k_{sz}\frac{\pi^2 D}{b^2}
$$

$$\tag{2-38}$$

设 $k_{sz}=\dfrac{9\pi^2\,(1+\alpha^2)^2}{32\alpha^3 S}$，而矩形板剪切屈曲系数的精确解为：

$$
k_s=4.0+5.34/\alpha^2 \quad （当\ \alpha\leqslant 1\ 时）
$$

$$\tag{2-39}$$

$$
k_s=5.34+4.0/\alpha^2 \quad （当\ \alpha>1\ 时）
$$

$$\tag{2-40}$$

k_{sz} 相对 k_s 的误差百分比 $\rho=|k_{sz}-k_s|/k_s\times 100\%$ 随 α 的变化关系如图 2-7 所示。从图中可以看出，当 $0.4\leqslant\alpha\leqslant 2.5$ 时，本章公式与精确解相差小于

12.87%，其他范围误差相对较大。因此，要获得更精确的解函数 ω 需要考虑更多级数项的组合。

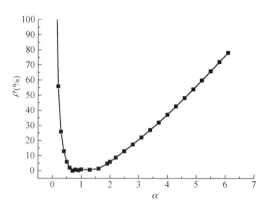

图 2-7 纯剪切板件的屈曲系数误差对比

由以上分析可以得出，组合板完全剪力连接情况下的屈曲荷载精确解可表示为：

$$N_{\mathrm{xycr}} = k_{\mathrm{s}} \frac{\pi^2 D}{b^2} \tag{2-41}$$

公式（2-41）中 k_{s} 按公式（2-39）、公式（2-40）取值，D 的取值见公式（2-3）。

2.1.4 界面剪切刚度对组合板屈曲的影响

为了与采用里兹法求解屈曲荷载的情况进行对比[93]，第 2.1.3 节中函数 ω 仅取公式（2-30）所示的五项进行计算，而要获得较精确的屈曲荷载，假设的挠曲函数应与实际屈曲面相近，理论上公式（2-29）中 m，n →∞，但这又给计算带来很大难度，确定二重三角级数收敛性的唯一方法是把所取项数增加时所得的各次结果加以比较[95]。

采用与 2.1.3 节相类似的方法，在公式（2-29）中考虑多项级数组合时，经整理可得到组合板屈曲的特征值方程组如下：

$$(P - \lambda Q)\{A_{mn}\} = \{0\} \tag{2-42}$$

其中矩阵 Q 为对角矩阵，其对角元素为：

$$\{[(m)^2 + (n\alpha)^2]^2 + \chi[(m)^2 + (n\alpha)^2]^3\} \tag{2-43}$$

P 为对角元素为 0 的矩阵，其他各元素为：

$$\int_0^a\int_0^b \{mn + mn\eta[(m)^2 + (n\alpha)^2]\}\cos\frac{m\pi x}{a}\cos\frac{n\pi y}{b}\sin\frac{i\pi x}{a}\sin\frac{j\pi y}{b}dxdy$$

$$(2-44)$$

其中，$\lambda = \dfrac{\pi^2 D}{8\alpha^2 N_{xy}}$，$\chi = \dfrac{\pi^2 D_f D_v}{DKh_v^2 a^2}$，$\eta = \dfrac{\pi^2 D_v}{Kh_v^2 a^2}$。

　　该方程组有非零解的条件是，其系数行列式为零，求解公式（2-43）的系数行列式即可获得四边简支组合板的剪切屈曲荷载 N_{xy}，它包含了界面剪切刚度 K 的影响。本章分析中 $m=n=15$ 时计算结果已趋于稳定，与 $m=n=20$、25、30、35 的结果均相差不到 0.01%，因此，取 $m=n=15$ 即能获得较高精度的屈曲荷载。

　　基于此，以下通过变化交界面剪切刚度 K，研究弹性临界剪切屈曲荷载的变化趋势。以某四边简支矩形组合板为例，板件的几何尺寸及材料参数如下：$a=b=3000\text{mm}$，混凝土板厚度 $h=100\text{mm}$，钢板厚度 $t=10\text{mm}$，混凝土板弹性模量 $E_c = 3.25 \times 10^4\text{MPa}$，钢板弹性模量 $E_s = 2.06 \times 10^5\text{MPa}$。图 2-8 给出了该组合板在剪切荷载作用下的一阶剪切屈曲荷载随剪切刚度的变化规律（图中横坐标为关于 K 的对数坐标）。

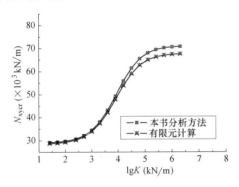

图 2-8　组合板一阶剪切屈
曲荷载-剪切刚度曲线

　　为了验证本章分析方法的结果，同时采用有限元软件 ANSYS 建立三维模型进行有限元分析。为使计算结果更接近实际情况，组合板中的混凝土板及钢板均采用 SOLID45 实体单元模拟。为模拟混凝土板与钢板之间的连接，将钢板和混凝土板接触面上所有相应位置节点的 z 向位移进行耦合，且节点同时采用弹簧单元 COMBINE39 模拟抗剪连接件提供的抗滑移刚度，变化弹簧刚度进行计算，它与本章计算结果对比情况见图 2-8，当 $K \to \infty$（完全剪力连接状态）时，本章和 ANSYS 计算的屈曲荷载值分别为 $71.0 \times 10^3\text{kN/m}$、$66.845 \times 10^3\text{kN/m}$。从图 2-8 中可以看出，随着剪切刚度的增大，剪切屈曲荷载从一开始的迅速增长逐渐趋于平缓，且接近于完全剪力组合板的屈曲值。从图中还可以看出，本章的分析方法和有限元的计算结果吻合较好，再次验证了本章提出的分析模型和方法的可靠性。

2.1.5　完全剪力连接简支矩形组合板中混凝土板最小厚度

钢板-混凝土组合板中混凝土板的作用一方面是与钢板组合共同承担荷载，另一方面是能够为钢板提供侧向支撑和约束作用，且当混凝土板厚度满足一定要求时，保证钢板剪切屈服先于整体弹性屈曲。即钢板的整体屈曲荷载应满足：

$$F_{\text{cr,t}} \geqslant F_{\text{y,s}} \tag{2-45}$$

其中，$F_{\text{cr,t}}$ 为组合板整体屈曲时钢板的荷载，$F_{\text{cr,t}} = \tau_{\text{cr,t}} \cdot b \cdot t$；$F_{\text{y,s}}$ 为钢板剪切屈服荷载，$F_{\text{y,s}} = \tau_{\text{y,s}} \cdot b \cdot t$。即满足 $\tau_{\text{cr,t}} \geqslant \tau_{\text{y,s}}$。由于考虑钢板与混凝土板共同工作且无剪切滑移效应时的结果偏于保守，因此，以下根据完全剪力连接组合板的情况进行推导。完全剪力连接中钢板与混凝土板的剪切应变 γ_{xy} 相等，钢板的屈曲应力 $\tau_{\text{cr,t}}$ 与混凝土板的屈曲应力 $\tau_{\text{cr,c}}$ 之比为：

$$\frac{\tau_{\text{cr,t}}}{\tau_{\text{cr,c}}} = \frac{G_{\text{s}} \gamma_{\text{xy}}}{G_{\text{c}} \gamma_{\text{xy}}} = \frac{G_{\text{s}}}{G_{\text{c}}} = \frac{\overline{E}_{\text{s}}/(1+\nu_{\text{s}})}{\overline{E}_{\text{c}}/(1+\nu_{\text{c}})} \tag{2-46}$$

根据 2.1.3 节组合板剪切屈曲的总荷载公式（2-41），可得到钢板与混凝土板各自承担的屈曲荷载的比值为：

$$\frac{F_{\text{cr,t}}}{F_{\text{cr,c}}} = \frac{\tau_{\text{cr,t}} t}{\tau_{\text{cr,c}} h} = \frac{G_{\text{s}} t}{G_{\text{c}} h} = \frac{\overline{E}_{\text{s}}/(1+\nu_{\text{s}})}{\overline{E}_{\text{c}}/(1+\nu_{\text{c}})} \cdot \frac{t}{h} = \xi \tag{2-47}$$

因此，钢板屈曲应力大小为：

$$\tau_{\text{cr,t}} = \frac{\xi}{\xi+1} \cdot \frac{N_{\text{xycr}}}{t} \tag{2-48}$$

若要保证钢板剪切屈服先于整体弹性屈曲，则必须满足下式：

$$\frac{\xi}{\xi+1} \cdot \frac{N_{\text{xycr}}}{t} \geqslant \tau_{\text{y,s}} \tag{2-49}$$

将公式（2-1）～公式（2-4）、公式（2-41）代入公式（2-49）可得到：

$$\tau_{\text{cr,t}} = \frac{\xi}{\xi+1} \cdot k_{\text{s}} \frac{\pi^2 \, \overline{E}_{\text{s}} \{h^3/12\overline{n} + t^3/12 + ht \, (h+t)^2/[4(\overline{n}t+h)]\}}{b^2 t} \geqslant \tau_{\text{y,s}}$$

$$\tag{2-50}$$

求解公式（2-50）即可得到混凝土板的最小厚度 h。

通过分析可以发现，h 主要与板件宽度 b、钢板厚度 t 及板件长宽比 α 相关，本章对 h 随各参数的变化规律进行了分析，计算结果表明，各参数曲线均呈非线性特征。在此基础上，参考钢板剪力墙工程实践参数的常用范围，即板件长宽比 α 在 $0.8 \sim 2.5$ 范围内、钢板宽厚比 b/t 在 $100 \sim 500$ 范围内、钢板厚度 t 在 $0.8 \sim 2.5\text{mm}$ 范围内的组合板进行屈曲分析，拟合得到混凝土板最小厚度 h 的近似计算公式如下：

$$h = f_1(b) f_2(t) f_3(\alpha) \tag{2-51}$$

其中，$f_1(b) = Ab^{3/2} + Bb + C$，$f_2(t) = Dt^2 + Et + F$，$f_3(\alpha) = G\alpha^2 + H\alpha + J$，各拟合系数见表 2-1（$b$ 的单位取 m，h、t 的单位取 mm）。

　　例如，对于板件长宽比为 1.5、宽度为 5m，钢板厚度为 12mm 的组合板而言，根据公式（2-51）计算得出所需混凝土板的最小厚度必须大于 50mm，当然，实际工程中混凝土板厚度的确定，还需要根据板的实际受力情况、配筋情况及实际施工保护层厚度等要求进行设计。

拟合系数表　　　　　　　　　　　　　　　　表 2-1

A	B	C	D	E	F	G	H	J
-0.0219	0.2044	-0.0984	-0.0300	-0.0118	138.6438	-0.0826	0.3911	0.1518

2.2　钢板-混凝土组合板的弹性局部剪切屈曲及关键参数分析

2.2.1　钢板-混凝土组合板的弹性局部剪切屈曲特性

　　2.1 节已经开展了组合板整体屈曲行为的相关研究，主要根据夹层板理论，建立考虑滑移效应的组合板分析模型，推导出四边简支矩形组合板在均匀受剪状态下的弹性屈曲方程，从而得到防止组合板整体屈曲所需混凝土板最小厚度的计算公式；与此同时，栓钉间距也要满足一定的要求，以防止钢板发生如图 2-2 所示的局部屈曲（即满足栓钉间的钢板屈服先于局部屈曲）。美国《建筑钢结构荷载抗力分项系数设计规范》AISC-LRFD（2005）[96] 中参照组合梁腹板在剪切荷载作用下防止其发生局部屈曲的高厚比限值，给出了组合钢板剪力墙最大栓钉间距的参考公式：

$$d_b / t_w = 1.10 \sqrt{k_v E / F_y} \tag{2-52}$$

式中 d_b、t_w、k_v、E、F_y——栓钉间距、钢板厚度、剪切系数、钢板的
弹性模量及屈服强度，其中：

$$k_v = 5.0 + \frac{5.0}{(a/h)^2} \tag{2-53}$$

式中 h、a——板件的长度和宽度。

国内外部分学者在针对钢板剪力墙的研究中[97-101]提出栓钉最大间距
可按照两种简化方式考虑：一种方法是仅考虑相邻四个连接螺栓（或栓
钉）点，按铰接支座处理，钢板的边缘为自由；另一种方法是以相邻四个
螺栓连线为简支边，按四边简支板考虑。当然，采用更为合理的简化模型
仍有待进一步研究。

以上国内外对组合钢板剪力墙的弹性屈曲性能及关键参数的研究为本
章的分析提供了有益借鉴，本章将针对钢板-混凝土组合板自身的特点进
行分析。

本章采用有限元计算方法，在混凝土板具有足够厚度能保证组合板不
发生整体屈曲的基础上，通过数值分析，研究钢板-混凝土组合板在纯剪
切作用下发生局部屈曲的特征，建立具有典型边界条件的单块钢板计算模
型来近似模拟栓钉包围钢板的局部屈曲特性，利用该钢板模型与组合板中
钢板的局部屈曲应力的数值关系，推导出四边简支组合板栓钉连接最大间
距计算公式。

本章采用有限元软件 ANSYS
建立钢板-混凝土组合板的三维模
型进行有限元分析，通过变化组
合板各主要参数，研究其弹性局
部屈曲特性。算例 1：某四边简
支矩形组合板的几何尺寸及材料参
数如下：$a = b = 1800mm$，混凝土
板厚度 $h = 150mm$，钢板厚度 $t = 8mm$，混凝土板弹性模量 $E_c = 3.25 \times 10^4 MPa$，钢板弹性模量
$E_s = 2.06 \times 10^5 MPa$，栓钉排列形

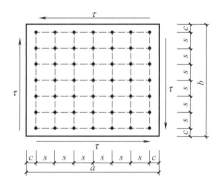

图 2-9 纯剪切组合板中栓钉的排布形式

式如图 2-9 所示，栓钉间距 $s = 250mm$，边距 $c = 150mm$。为使计算结果
更接近实际情况，组合板中的混凝土板及钢板均采用 SOLID45 实体单元模
拟。为模拟混凝土板与钢板之间的连接，将钢板和混凝土板在栓钉位置的

节点 z 向位移进行耦合，且这些节点同时采用弹簧单元 COMBINE39 连接，用来模拟抗剪连接件。本章的主要目标是研究组合板中钢板发生局部屈曲的性能，要求其栓钉连接可靠，因此可以不考虑钢板与混凝土板之间的滑移效应，本章在分析过程中将弹簧刚度取为较大值（如 10^{10} N/mm 以上）进行计算。图 2-10（a）、（b）分别为组合板中钢板发生局部屈曲的第一阶模态平面图和相应的三维图，从图中可以看出，屈曲波出现在栓钉 45°连线的两条相邻区格范围内，类似于这个斜向板单元受两个相互垂直方向拉压应力后的屈曲形态（设主拉、压应力分别为 σ_t、σ_c，如从屈曲波范围内任一单元的受力情况来看（见图 2-11），由于处于纯剪状态，因此 $\sigma_t = \sigma_c = \tau$）。

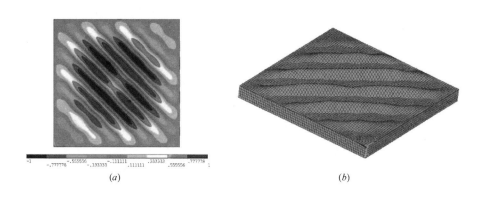

（a）　　　　　　　　　　　　　　　　（b）

图 2-10　组合板第一阶局部屈曲模态

（a）屈曲模态的 xy 平面视图；（b）屈曲模态的三维视图

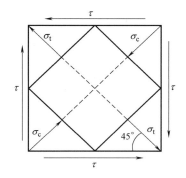

图 2-11　受纯剪切作用的单元体

由以上分析结果可以得出：钢板-混凝土组合板发生局部屈曲的本质是内嵌于栓钉间的钢板发生局部屈曲，如图 2-11 中栓钉 45°连线的两条相邻区格范围的斜向钢板发生局部屈曲。由此，下文研究的主要思路为：首先通过大量有限元计算，建立上述斜向单块钢板的计算模型（包括位移和力边界条件），使组合板中钢板发生局部屈曲的特性与该单块钢板相似，获得两者屈曲荷载的数值关系，根据钢板屈服先于屈曲的条件，求出栓钉的最大间距。

2.2.2 斜向钢板的计算模型及相关参数分析

取栓钉 $45°$ 连线的相邻区格范围的斜向单块钢板 $ABCD$ 为计算模型，其尺寸如图 2-12 所示，长边 $L=1000\text{mm}$，短边即为相邻栓钉 $45°$ 斜向距离 $d_b=\sqrt{2}s/2$（栓钉间距为 s），通过以上分析可以得到，处于栓钉 $45°$ 连线的两条相邻区格范围的斜向钢板实际上处于两个相互垂直方向拉压的受力状态，因此本章对图 2-12 所示的钢板计算模型的力边界条件取为：长边 AD、BC 受均布压力 $\sigma_c=\tau$，短边 AB、CD 受均布拉力 $\sigma_t=\tau$。力的边界条件选定后，确定较合理的位移边界条件也非常关键。为此，本章对组合板及各种边界条件单块钢板屈曲进行了大量计算对比，通过分析发现，单块钢板采用图 2-12 所示的长边 AD、BC 简支，短边 AB、CD 自由的典型边界条件时，其屈曲形态和特性与组合板中处于栓钉之间的钢板发生局部屈曲形态相似，且组合板中钢板发生局部屈曲的应力与单块钢板的屈曲应力之间的关系存在一定的规律性。以混凝土板和钢板厚度不同的三组正方形组合板为例，A 组：混凝土板厚度 $h=100\text{mm}$，钢板厚度 $t=8\text{mm}$；B 组：混凝土板厚度 $h=200\text{mm}$，钢板厚度 $t=12\text{mm}$；C 组：混凝土板厚度 $h=150\text{mm}$，钢板厚度 $t=10\text{mm}$；其他参数同算例 1。A、B 组组合板中栓钉间距 s 分别取为 200mm、300mm、400mm，C 组中栓钉间距 s 分别取为 150mm、250mm、350mm，对应每种栓钉间距，变化栓钉行列数和边距。与 A、B 组栓钉间距相应的单块

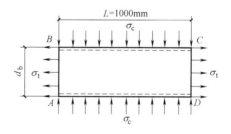

图 2-12 斜向单块钢板及边界条件

钢板计算模型的短边 d_b 分别为 141.42mm、212.13mm、282.84mm，而 C 组对应的 d_b 分别为 106.01mm、176.78mm、247.49mm。组合板中钢板发生局部屈曲的应力与单块钢板（边界条件见图 2-12）的屈曲应力之比如图 2-13 所示，横坐标 a 为组合板边长，纵坐标 $\gamma=\tau_{cp}/\tau_{db}$，其中 τ_{cp} 为组合板中钢板的屈曲应力，$\tau_{db}=\sigma_c=\sigma_t$ 为图 2-12 中单块钢板计算模型的屈曲应力（为统一表述，下文用 τ_{db} 作为其屈曲应力）。

从图 2-13 可以看出，各组不同栓钉间距的计算结果基本相似，随着板件边长的增大，组合板中钢板的屈曲应力与单块钢板计算模型的屈曲应

力之比 γ 呈非线性减小的趋势，并且板件边长越小，下降速度越快，当板件边长较大时，γ 变化很缓慢，并逐渐趋近于 1.0，组合板中钢板的屈曲应力始终大于单块钢板计算模型的屈曲应力。因此，从工程实际中组合板常用的尺寸和安全的角度考虑，偏保守地取组合板中钢板的局部屈曲应力与单块钢板的屈曲应力之比 $\gamma=1.0$，$\tau_{cp}=\gamma\tau_{db}$，下文以此为基础推导组合板中栓钉的最大间距。

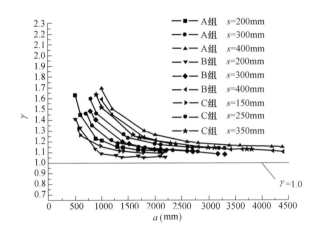

图 2-13　组合板中钢板屈曲应力与单块钢板模型屈曲应力比

2.2.3　四边简支组合板栓钉最大间距的计算公式

图 2-12 所示的钢板计算模型类似于由一根板条所组成的两端简支的压杆，其屈曲和两端简支轴心压杆的屈曲相似，不同之处在于其自由边还受到拉应力的作用，拉应力的存在可能对抑制屈曲的发生有利。为了研究该拉应力对板件屈曲的影响，通过改变板件宽度 d_b、厚度 t（板件长度 L 始终为 1m）等参数，比较自由边在有无拉应力两种情况下的屈曲应力，如图 2-14 所示。计算分两组：Ⅰ组固定板件厚度 $t=10$mm，变化板件宽度 d_b；Ⅱ组固定 d_b，变化 t。其中，自由边有拉应力作用时的屈曲应力为 τ_{db}^y，无拉应力作用时为 τ_{db}^n，纵坐标 $\beta=\tau_{db}^y/\tau_{db}^n$。从图中可以看出，两组的屈曲应力比值 β 接近 1.0，可见拉应力作用前后板的屈曲应力相差很小（$<1\%$），表明 β 对 d_b、t 的变化并不敏感。经过计算分析，认为产生这种现象的原因主要是由于泊松效应和短边是自由边的边界条件，短边拉

应力对垂直于该力方向的板件应力的影响很小，而弹性剪切屈曲荷载主要与初始刚度、初始应力有关，对于该类型的板件，主要是沿压力方向的屈曲变形，短边拉应力对初始刚度矩阵的贡献较小，因此考虑短边拉应力与否对屈曲应力影响不大。故图 2-12 计算模型中力的边界条件可以进一步简化为 AD 边作用压应力 τ_{db}，而 BC 边 $\sigma_t = 0$ 的情况。基于此，下面以这种简化的板条（两简支边受压，自由边无拉应力）为研究对象进行屈曲分析。

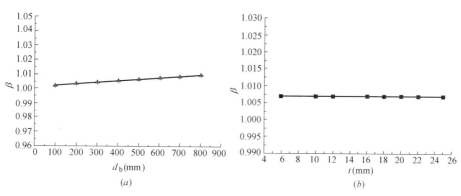

图 2-14　板件宽度、厚度对其屈曲的影响

（a）板件宽度变化的影响；（b）板件厚度变化的影响

本章研究的组合板为均匀厚度板，板的厚度与板面内的最小特征尺寸相比较小，满足薄板理论，因此，板件屈曲时的平衡微分方程为：

$$D \nabla^2 \nabla^2 w = N_x \frac{\partial^2 w}{\partial x^2} + N_y \frac{\partial^2 w}{\partial y^2} + 2N_{xy} \frac{\partial^2 w}{\partial x \partial y} \tag{2-54}$$

式中　　　　∇^2——拉普拉斯算子，$\nabla^2 = \dfrac{\partial^2}{\partial x^2} + \dfrac{\partial^2}{\partial y^2}$；

$\qquad\quad D$——单位宽度板的弯曲刚度，$D = \dfrac{E_s t^3}{12(1-v^2)}$；

$\qquad\quad w$——板竖向挠度；

N_x、N_y、N_{xy}——沿组合板 x、y 方向上的轴向力以及平行于 xy 平面的剪力。

由于板仅承受沿 y 方向的均匀压力，因此 $N_x = N_{xy} = 0$，$N_y = -p_y$，公式（2-54）可简化为：

$$D \left(\frac{\partial^2 w}{\partial x^2} + 2 \frac{\partial^2 w}{\partial x \partial y} + \frac{\partial^2 w}{\partial y^2} \right) + p_y \frac{\partial^2 w}{\partial y^2} = 0 \tag{2-55}$$

根据板的边界条件，当 $x=0$ 和 $x=L$ 时，弯矩 $M_x=0$，即 $\dfrac{\partial^2 w}{\partial x^2}+\upsilon$ $\dfrac{\partial^2 w}{\partial y^2}=0$，剪力 $Q_x=0$、扭矩 $M_{xy}=0$，两者可合并为 $\dfrac{\partial^3 w}{\partial x^3}+(2-\upsilon)\dfrac{\partial^3 w}{\partial x\partial y^2}=0$。当 $y=0$ 和 $y=d_b$ 时，$w=0$。符合该边界条件的板的挠曲面函数为：

$$w=A\sin\frac{n\pi y}{d_b}\ (n=1,2,3\cdots)\tag{2-56}$$

式中　A——待定常数；

　　　n——板屈曲时沿 y 方向的半波数。

将 w 微分两次后代入公式（2-55）中得到：

$$
\begin{aligned}
&AD\left(\frac{n\pi}{d_b}\right)4\sin\frac{n\pi y}{d_b}-p_y A\left(\frac{n\pi}{d_b}\right)2\sin\frac{n\pi y}{d_b}\\
&=A\left(\frac{n\pi}{d_b}\right)^2\left[D\left(\frac{n\pi}{d_b}\right)^2-p_y\right]\sin\frac{n\pi y}{d_b}=0
\end{aligned}\tag{2-57}
$$

由于 $\sin\dfrac{n\pi y}{d_b}$、A 均不为零，因此板的屈曲条件为：

$$p_y=D\left(\frac{n\pi}{d_b}\right)^2\tag{2-58}$$

板的屈曲荷载应是公式（2-58）给出的 p_y 的最小值，即当 $n=1$ 时才能使 p_y 最小，因此：

$$p_{cry}=D\left(\frac{\pi}{d_b}\right)^2\tag{2-59}$$

公式（2-59）与两端简支杆件欧拉屈曲荷载（即 $p_{cr}=\dfrac{\pi^2 EI}{l^2}$）的形式一致，只是板件的弯曲刚度是 D，而杆件的弯曲刚度为 EI。由此可见，板件的边界条件与杆件一致时，其屈曲荷载是相似的。

通过以上分析可得到图 2-12 钢板计算模型的屈曲应力 $\sigma_{cry}=p_{cry}/t$，同时根据 2.2.2 节得到的 $\tau_{cp}=\gamma\tau_{db}$，由于此处 $\sigma_{cry}=\tau_{db}$，因此 $\tau_{cp}=\gamma\sigma_{cry}$，要保证组合板中钢板的屈服先于局部屈曲[102]，应满足下式：

$$\tau_{cp}=\frac{\gamma p_{cry}}{t}=\frac{1.0\pi^2 D}{d_b^2 t}\geqslant\tau_y\tag{2-60}$$

对上式进行整理得到：

$$\frac{1.0\pi^2 D}{d_b^2 t}=\frac{1.0E_s\pi^2}{12(1-\upsilon^2)}\left(\frac{t}{d_b}\right)^2\geqslant\tau_y\tag{2-61}$$

因此，四边简支组合板中栓钉最大间距应满足下式：

$$\frac{d_b}{t} \leqslant \pi \sqrt{\frac{1.0E_s}{12\tau_y(1-v^2)}} = 431.5\sqrt{1/\tau_y} \qquad (2\text{-}62)$$

以采用 Q345 钢材质的方形组合板为例，$E_s = 2.06 \times 10^5 \, \text{MPa}$，钢板的屈服强度 $f_y = 345 \text{MPa}$，剪切屈服强度 $\tau_y = 199 \text{MPa}$，按公式（2-62）计算得到的栓钉最大间距为 $d_b \leqslant 30.6t$。而按前述美国《建筑钢结构荷载抗力分项系数设计规范》AISC-LRFD 的计算公式（2-52）的计算结果为 $d_b \leqslant 85.0t$，两者相差较大。必须指出的是，公式（2-52）的结果未具体给出钢板组合剪力墙的边界条件情况，而公式（2-62）是针对四边简支组合板推导的结果，并且从工程实际中组合板的尺寸考虑，偏保守地将 γ 取为 1.0，因此，根据公式（2-62）计算得到的栓钉间距略偏保守。目前尚缺乏专门针对组合板受剪时栓钉间距的规范计算公式，《钢结构设计规范》GB 50017—2003[102] 中仅给出了钢-组合梁中栓钉间距设置的相关规定：沿梁轴线方向的最大间距不应大于混凝土翼板（包括托板）厚度的 4 倍，不大于 400mm，且不应小于杆径的 6 倍；垂直于梁轴线方向的间距不应小于杆径的 4 倍。但组合梁中栓钉的受力特点和剪切组合板中的不同，在组合板栓钉间距设计中仅作为参考。

剪力连接件（栓钉）的最大间距（或排布形式）是防止钢板局部屈曲先于屈服的一个非常关键的因素，也是保证组合板中钢板与混凝土板协同工作的前提，本章采用有限元计算方法，在混凝土板具有足够厚度以保证组合板不发生整体屈曲的基础上，通过模型参数分析，研究钢板-混凝土组合板在纯剪切作用下发生局部屈曲的特征，建立具有典型边界条件的单块钢板计算模型来近似模拟栓钉包围钢板的局部屈曲特性，利用该钢板模型的屈曲荷载与组合板中钢板局部屈曲荷载的数值关系，推导出四边简支组合板栓钉连接最大间距的计算公式，计算结果略偏保守。

2.3　小结

本章通过理论分析、有限元和数值计算，建立了防止钢板-混凝土组合板发生整体和局部弹性屈曲的分析模型，并对其关键参数进行了分析，给出了可供设计参考的混凝土板最小厚度、栓钉最大间距等实用计算公式。主要结论如下：

（1）在保证栓钉所连接的钢板不发生局部屈曲的前提下，根据夹层板理论，通过在钢与混凝土之间设置假想的剪切薄层，模拟钢板-混凝土组合板界面滑移效应，建立考虑滑移效应的组合板分析模型，推导出四边简支矩形组合板在均匀受剪状态下的整体弹性屈曲方程。

（2）算例分析表明，剪切刚度较小时，组合板的剪切屈曲荷载增长速度较快，随着剪切刚度的增大，剪切屈曲荷载的变化逐渐趋于平缓，并接近完全剪力连接组合板的屈曲值。本章的分析方法与有限元的计算结果吻合较好，再次验证了本章提出的分析模型和方法的可靠性。

（3）通过参数分析拟合了防止完全剪力连接四边简支组合板发生整体屈曲所需混凝土板的最小厚度计算公式，可供工程设计参考。

（4）采用有限元计算方法，在混凝土板具有足够厚度以保证组合板不发生整体屈曲的基础上，通过模型参数分析，研究钢板-混凝土组合板在纯剪切作用下发生局部屈曲的特征，建立具有典型边界条件的单块钢板计算模型来近似模拟组合板中钢板的局部屈曲特性。

（5）利用该钢板模型的屈曲荷载与组合板中钢板局部屈曲荷载的数值关系，推导出四边简支组合板栓钉连接最大间距的计算公式，计算结果略偏保守。

第3章　单面钢板-混凝土组合板的受弯承载性能及变形分析

第2章在栓钉所连接的钢板不发生局部屈曲的前提下，根据夹层板理论，推导出四边简支矩形组合板在均匀受剪状态下的整体弹性屈曲方程，分析了界面剪切滑移刚度对屈曲荷载的影响，并采用有限元计算方法，在混凝土板具有足够厚度以保证组合板不发生整体屈曲的基础上，通过模型参数分析，研究了钢板-混凝土组合板在纯剪切作用下发生局部屈曲的特征，建立具有典型边界条件的单块钢板计算模型来近似模拟栓钉包围钢板的局部屈曲特性，利用该钢板模型的屈曲荷载与组合板中钢板局部屈曲荷载的数值关系，推导出了四边简支组合板栓钉连接最大间距的计算公式。本章在第2章研究的基础上，通过试验研究、有限元数值计算和理论分析，对钢板-混凝土组合板的受力和变形性能以及钢板-混凝土组合板在弯曲荷载作用下的破坏模式、钢板与混凝土之间界面滑移特性、抗弯刚度进行研究；对考虑界面滑移的组合板的挠度计算、内力分析以及抗弯承载力的计算提出了建议。

3.1　单面钢板-混凝土组合板受弯承载性能试验研究

3.1.1　试验目的和内容

对简支钢板-混凝土组合板（单向）的受弯性能进行试验研究，从而对钢板-混凝土组合板的强度、刚度、应力分布、裂缝分布及宽度以及钢板-混凝土界面破坏方式等进行观察和测试，从中总结出相应的特征和规律，以求通过试验发现问题，验证理论分析和有限元数值模拟的结果。

3.1.2 试件设计

参考国内外已有的部分研究成果，并考虑国内常见钢板的规格及具体的工程需要，共设计了两批 5 个组别的试件，完成了 5 组试件（共 11 块板）的静力加载试验。第一批试件分 4 组（共 9 块板），其中第一组考虑变化抗剪连接程度（通过变化栓钉间距来实现），第二组考虑混凝土板的厚度变化，第三组考虑组合板长宽比的变化，第四组考虑钢板厚度的变化（分别为 6mm、8mm、10mm）。第二批试件共两个，主要是对第一批试件的补充，板长一定，板厚变化，主要考虑板件剪跨比的变化。所有试件及主要参数如图 3-1、图 3-2 和表 3-1 所示。

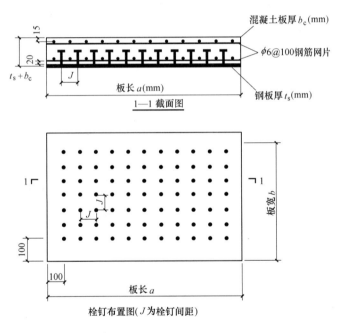

图 3-1　第一批试件加工图

第一批钢板-混凝土组合板试件的混凝土设计强度等级为 C40，第二批试件的混凝土设计强度等级为 C30，钢板采用 Q235。第一批试件的底面钢板与混凝土板连接采用 $\phi10 \times 50$ 栓钉剪力连接件，第二批采用 $\phi13 \times 60$ 栓钉剪力连接件。栓钉在钢板面均匀布置并施焊。为保证钢板和混凝土板之间传力均匀，并保护混凝土顶板不开裂，特在混凝土板上表面和紧邻钢板表面设置了两层钢筋网片，第一批采用的是 $\phi6@100$ 钢筋网片，第二批采用的是 $\phi6@150$ 钢筋网片，混凝土板的保护层厚度为 15mm，下层钢筋网片距离钢板 20mm。

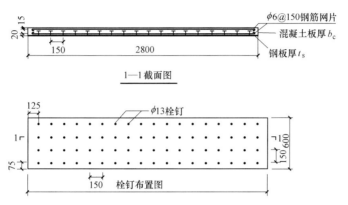

图 3-2 第二批试件加工图

试件表　　　　　　　　　　　　　表 3-1

批次	组别	试件编号	剪跨比	t_s (mm)	b_c (mm)	h (mm)	a (mm)	b (mm)	栓钉间距 (mm)
第一批试件	一	S1J1	6.6	6	100	106	2000	1200	50
		S1J2	6.6	6	100	106	2000	1200	100
		S1J3	6.6	6	100	106	2000	1200	200
	二	S1J2	6.6	6	100	106	2000	1200	100
		S1B2	7.2	6	120	126	2000	1200	100
		S1B3	6.2	6	140	146	2000	1200	100
	三	S1J2	6.6	6	100	106	2000	1200	100
		S1S2	5.3	6	100	106	1600	1200	100
		S1S3	3.3	6	100	106	1200	1200	100
	四	S1J2	6.6	6	100	106	2000	1200	100
		S1T2	6.5	8	100	108	2000	1200	100
		S1T3	8.2	10	100	110	2000	1200	100
第二批试件	五	SCCS1	11.45	6	90	96	2800	600	150
		SCCS2	10.37	6	100	106	2800	600	150

3.1.3　试件制作

试件在中国矿业大学（北京）结构实验室加工制作，制作步骤如下：

（1）在钢板上按照设计间距焊接栓钉；

（2）将钢板作为试件的底模，将绑扎好的钢筋网片就位；

（3）支侧模后即可浇筑混凝土；

（4）养护并拆模。

试件制作步骤如图 3-3 所示。

(a)

(b)

(c)

(d)

图 3-3　试件制作过程

（a）钢板及栓钉；（b）支模；（c）浇筑混凝土；（d）浇筑完成进行养护

3.1.4 材料性能

1. 钢板

第一批试件所用钢板的钢材型号为 Q235B，钢板厚度为 6mm、8mm 及 10mm。对各厚度钢板分别加工 3 块单轴拉伸试件并进行测试，材性试验结果如表 3-2 所示。

第一批试件钢板材性试验结果 表 3-2

钢板厚度 (mm)	编号	面积(mm²)	屈服强度 f_y (MPa)	极限强度 f_u (MPa)
10	1	295.58	405.23	602.26
	2	297.79	410.17	583.96
	3	294.60	422.08	591.59
	平均值		412.49	592.60
8	1	234.16	299.77	455.82
	2	233.84	295.48	450.98
	3	233.56	304.98	464.47
	平均值		300.07	457.09
6	1	175.92	313.36	474.77
	2	175.20	309.54	473.26
	3	175.81	306.43	467.31
	平均值		309.77	471.78

第二批试件所用钢板的厚度为 6mm，其钢材型号为 Q235B。表 3-3 为加工的 3 块单材性试件的试验结果。

第二批试件钢板材性试验结果 表 3-3

编号	面积(mm²)	屈服强度 f_y(MPa)	极限强度 f_u(MPa)
1	165	352.25	486.75
2	168	339.67	484.34
3	165	350.11	486.74
平均值		347.34	485.94

2. 混凝土

第一批试件的混凝土设计强度等级为 C40，第一批试件浇筑的 9 块板件所用混凝土全部来自同一罐，共制作了 3 块 100mm×100mm×100mm 的混凝土立方体试块，并与试件在相同的环境下进行养护。在试件加载当天按照标准试验程序测试混凝土试块的抗压强度，其试验结果如表 3-4 所示。

第一批试件混凝土试块强度试验结果　　　　表 3-4

试块编号	制作日期	压块日期	抗压强度（MPa）
1	2012. 9. 14	2012. 10. 15	475
2	2012. 9. 14	2012. 10. 15	425
3	2012. 9. 14	2012. 10. 15	465
平均值			455

第二批试件的混凝土设计强度等级为 C30，也制作了 3 块试块，尺寸为 150mm×150mm×150mm，并且试块的养护条件与试件相同。在试件加载当天按照标准试验程序测试混凝土试块的抗压强度，其试验结果如表 3-5 所示。

第二批试件混凝土试块强度试验结果　　　　表 3-5

试块编号	制作日期	压块日期	抗压强度（MPa）
1	2013. 7. 28	2013. 9. 1	289
2	2013. 7. 28	2013. 9. 1	287
3	2013. 7. 28	2013. 9. 1	294
平均值			290

3. 栓钉

第一批试件所有栓钉均由天津某公司生产并现场焊接，其型号为 $\phi10×50$，熔后高度为 45mm。经过对栓钉进行拉拔试验表明，栓钉的极限强度为 509MPa。第二批试件使用的栓钉由北京某公司加工并现场焊接，使用 ML-15 钢材制作，栓钉型号为 $\phi13×60$，焊接后栓钉高度为 55mm，其极限抗拉强度为 400MPa。

3.1.5 试验装置及加载方案

浇筑混凝土前在板的四角边缘附近布置 4 个吊环，以方便试件的吊装就位。

本试验所有构件均为简支板，采用两点对称加载和跨中一点加载的加载方式。采用中国矿业大学（北京）结构实验室中的 100t 油压千斤顶对构件进行加载。在千斤顶和分配梁（加载梁）之间布有荷载传感器，以量测荷载的大小。测点引线连接到 TDS-530 数据采集仪采集数据，试验数据全部由计算机自动采集，试验过程通过计算机全程监控试件的荷载-挠度曲线，为保证试件在水平方向的自由移动，在试件两端采用 $\phi30$ 滚轴支座。对于两点对称加载的试件，采用分配梁进行加载，加载装置如图 3-4 和图 3-5 所示，试件最终加载情况如表 3-6 所示。对试件进行加载时，均先施加一个较小的荷载（5～10kN）以保证支座、位移计等正常工作，并消除试件内部的制作缺陷，卸载后再将试件加载到破坏。

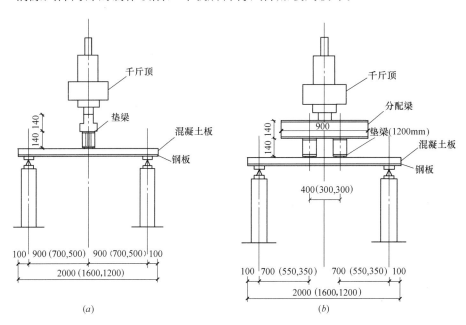

图 3-4 第一批试件的加载装置示意图

（a）单点加载；（b）两点加载

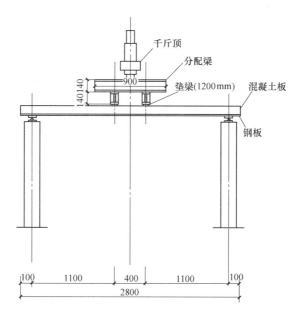

图 3-5   第二批试件的加载装置示意图

试件最终加载情况   表 3-6

加载方式	试件编号
跨中一点	S1T3、S1B2、S1B3、S1S2、S1S3
两点对称	S1J1、S1J2、S1J3、S1T2、SCCS1、SCCS2

3.1.6   测点布置及数据采集

本试验为静力加载试验，试验装置如图 3-6 所示。在每个试件上布置测力、测应变、测位移等测点，通过由计算机控制的数据采集系统自动进行记录。布置测点时主要考虑以下几个因素：

（1）由于挠度、转角等宏观测量值不但能够反映构件的整体工作性能，而且相对于应变等反映局部性能的测量数据具有较小的离散程度，因此本试验对梁跨中挠度、加载点挠度、梁端转角等进行重点量测。本试验的对象是板，区别于梁，长宽比相对较小，因此在板底沿板的横向对称轴、纵向对称轴共布置了位移计（共 5 个），实现对板底位移的全面观测。

（2）由于钢板与混凝土板之间不可避免地要产生相对滑移，为了观察钢板与混凝土板之间是否存在滑移及滑移量的大小，本试验在板跨的半跨区域内各设置了3个导杆引伸仪。

（3）为了研究钢板-混凝土组合板截面应变是否满足平截面假定，在梁跨中及加载点附近沿板高布置了应变片，量测纵向应变分布情况。

（4）为了研究钢板在试验过程中是否屈服以及板底应变分布情况，在钢板底面的横、纵向对称轴上，分别布置了数量不等的应变片，以观测钢板应变的变化趋势及分布。

根据以上各因素，并鉴于加载方式的不同，试件的测点布置及各板件的测点布置分别如图3-7～图3-12所示。试验中还对裂缝的发展和宽度进行了观察与量测。其余有关应变和变形的数据全部通过TDS-530数据采集系统自动采集。

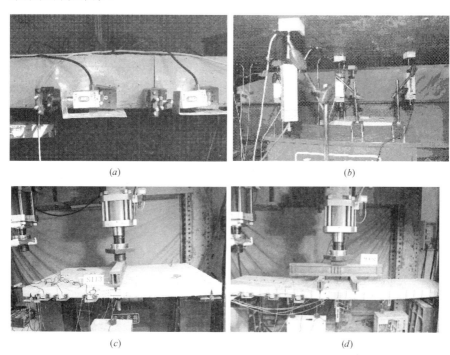

（a）   （b）

（c）   （d）

图3-6　试验装置

（a）导杆引伸仪；（b）位移计；（c）单点加载；（d）两点加载

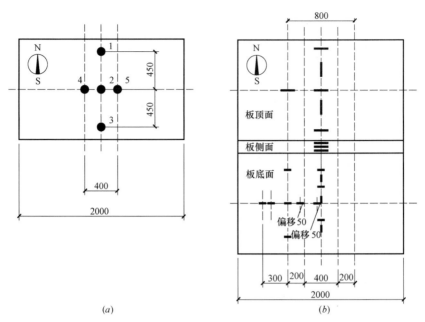

(a)

(b)

图 3-7 S1J1、S1J2、S1J3、S1T2 两点加载的测点布置图

(a) 位移计布置图；(b) 应变片布置图

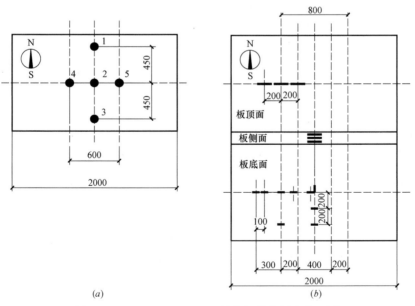

(a)

(b)

图 3-8 S1T3、S1B2、S1B3 单点加载的测点布置图

(a) 位移计布置图；(b) 应变片布置图

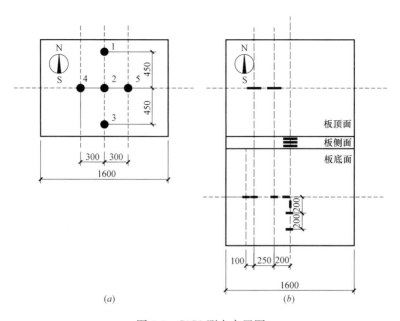

(a)

(b)

图 3-9 S1S2 测点布置图

（a）位移计布置图；（b）应变片布置图

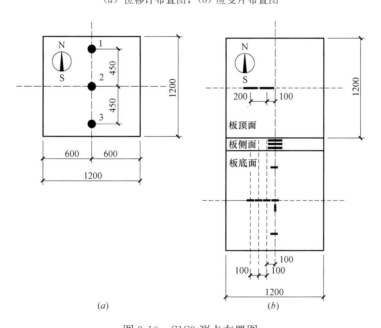

(a)

(b)

图 3-10 S1S3 测点布置图

（a）位移计布置图；（b）应变片布置图

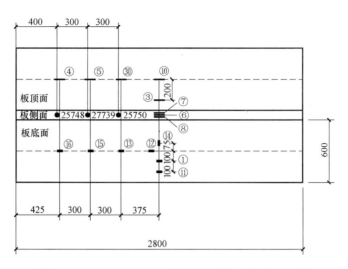

图 3-11　SCCS1、SCCS2 应变片及导杆引伸仪布置图

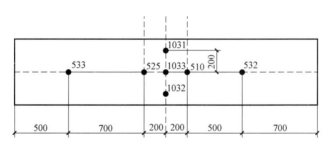

图 3-12　SCCS1、SCCS2 试件位移传感器布置图

3.1.7　试验结果及分析

1. 主要试验结果及现象

在试验中，钢板-混凝土组合板的破坏方式主要有以下几种：

（1）钢板剥离破坏：由于剪力连接件数量不足，破坏时剪跨段靠近板端部分栓钉连接件剪断，同时引起梁产生斜裂缝造成最终破坏，后文中用 A 代表；

（2）混合破坏：弯曲破坏与钢板剥离破坏的混合破坏，即在试件产生弯曲破坏特征后由于抗剪承载力不足，导致试件最终破坏，后文中用 B 代表；

（3）剪切破坏：由于抗剪承载力不足，导致板件产生斜裂缝破坏，后文中用 C 代表；

（4）弯曲破坏：由于抗弯承载力不足，受压区混凝土压溃，后文中用 D 代表。

试验中各试件的主要试验结果与破坏形态列在表 3-7 及图 3-13 中。表 3-7 中，P_{cr} 为梁侧表面混凝土出现第一条裂缝时的跨中弯矩实测值；P_{spy} 为跨中钢板达到屈服应变时的跨中弯矩实测值；P_u 为实测的跨中最大弯矩；δ_{spy} 和 δ_u 分别为对应 P_{spy} 和 P_u 的实测跨中挠度。

试件破坏形态 表 3-7

试件编号	加载方式	P_{cr} (kN·m)	P_{spy} (kN·m)	P_u (kN·m)	δ_{spy} (mm)	δ_u (mm)	P_u/P_{cr}	P_u/P_{spy}	δ_u/δ_{spy}	破坏方式
S1J1	两点加载	251.6	397.1	509.7	9.76	13.54	2.02	1.28	1.38	B
S1J2	两点加载	178.3	208.1	394.2	5.67	14.72	2.21	1.89	2.59	B
S1J3	两点加载	153.0	171.4	280.2	5.01	14.42	1.83	1.63	2.87	A
S1B2	单点加载	245.4	453.7	529.8	11.23	14.36	2.15	1.16	1.27	C
S1B3	单点加载	153.4	＊	562.8	＊	10.47	3.66	＊	＊	C
S1S2	单点加载	141.0	290.9	381.7	5.78	14.92	2.70	1.31	2.58	C
S1S3	单点加载	196.3	373.4	411.8	7.35	10.45	2.09	1.10	1.42	C
S1T2	两点加载	165.6	400.6	465.1	11.35	14.34	2.80	1.16	1.26	B
S1T3	单点加载	276.0	430.7	498.1	10.63	15.08	1.80	1.15	1.41	B
SCCS1	两点加载	54.5	—	112.3	—	35.40	2.06	—	—	D
SCCS2	两点加载	59.9	—	131.1	—	35.90	2.19	—	—	D

注：1. "＊"代表 S1B3 破坏时钢板未达到屈服强度；

2. 由于加载原因，S1T2 未达到完全破坏。

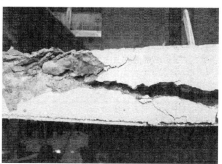

（a） （b）

图 3-13 组合板破坏形态（一）

（a）S1J2 破坏照片（整体）；（b）S1J2 破坏照片（局部）

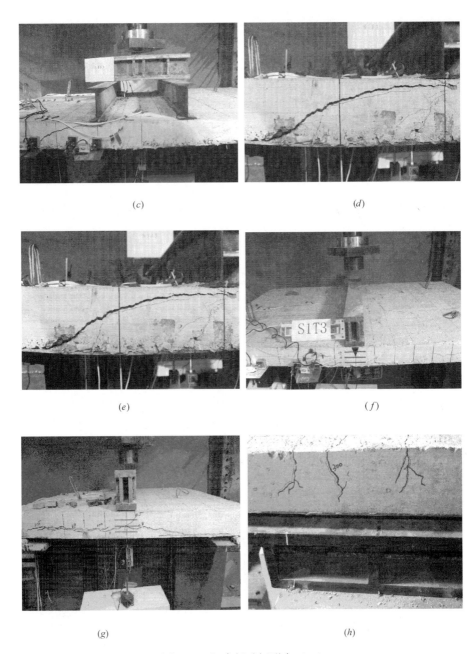

图 3-13　组合板破坏形态（二）

(c) S1J3 破坏照片（整体）；(d) S1J3 破坏照片（局部）；(e) S1T3 破坏照片（整体）；

(f) S1T3 破坏照片（局部）；(g) S1S3 破坏照片（整体）；(h) S1S3 破坏照片（局部）

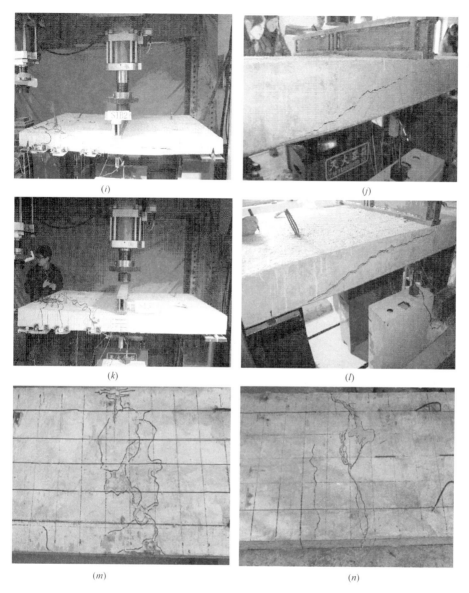

图 3-13 组合板破坏形态（三）

（i）S1B2 破坏照片（整体）；（j）S1B2 破坏照片（局部）；（k）S1B3 破坏照片（整体）；
（l）S1B3 破坏照片（局部）；（m）SCCS1 破坏照片（局部）；（n）SCCS2 破坏照片（局部）

第二批试件中钢板-混凝土组合板的破坏形态均为弯曲破坏，均在 $0.5P_u$ 左右出现第一条裂纹，出现位置在跨中纯弯段，属于竖向弯曲裂缝。在试验中，有两块板件的钢板均没有屈服，这是由于混凝土板的高度不够，导致组合板试件中混凝土板的截面抗压能力小于钢板的抗拉能力，试验中试件的破坏形式类似于钢筋混凝土梁受到弯曲荷载的超筋破坏。如图 3-13（m）、（n）所示，两块试件的破坏形态十分相似，除板件侧面均出现竖向弯曲裂缝外，板顶加载点附近的混凝土均被压溃，这也是导致试件破坏并造成卸载的主要原因。另外，第一批试件中普遍出现在组合板试件侧面的剪切斜裂缝在第二次试验中没有出现。

2. 荷载-跨中挠度曲线

全部 11 块板的荷载-跨中挠度曲线如图 3-14 所示，图中纵坐标为荷载（单点加载和两点加载均取荷载传感器显示的总荷载），横坐标为跨中挠度，由跨中沿试件短向布置的位移计的挠度平均值得出。

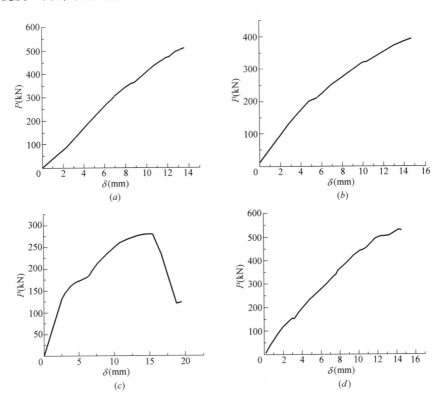

图 3-14　各板件荷载-跨中挠度曲线（一）
（a）S1J1；（b）S1J2；（c）S1J3；（d）S1B2

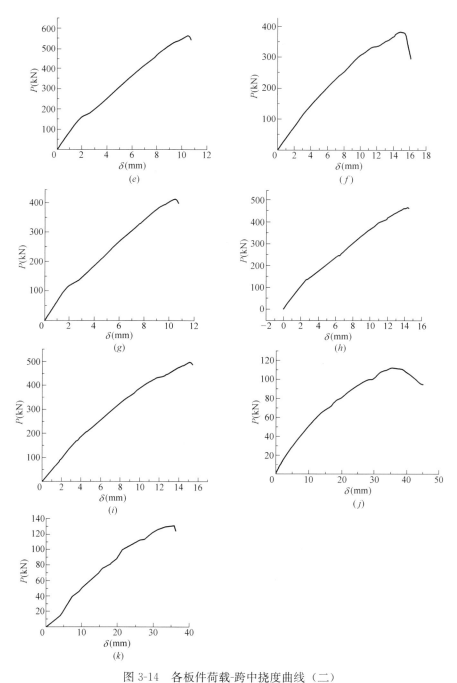

图 3-14 各板件荷载-跨中挠度曲线（二）

(*e*) S1B3；(*f*) S1S2；(*g*) S1S3；(*h*) S1T2；(*i*) S1T3；(*j*) SCCS1；(*k*) SCCS2

发生钢板剥离破坏最明显的是板件 S1J3 和 S1J2，栓钉间距为 200mm，抗剪连接程度较小，在加载的初期（小于 150kN），板底端混凝土开裂之前构件呈现弹性状态。随着荷载的继续增大，在 150kN 左右，开始出现啪的响声，可以推测钢板和混凝土板的化学粘结作用已经失效，并出现明显的水平裂缝，此阶段挠度有较快的增长，板件刚度有一定程度的下降。在加载点附近和纯弯段出现密布的竖向裂缝，裂缝发展到一定长度和宽度后增长就几乎停滞。此时主要的变化在于剪跨段的弯曲裂缝逐渐发展为斜裂缝，宽度不断增大，并逐渐向加载点处延伸，此后剪跨段靠近支座处大部分栓钉被剪断，钢板已经屈服，且钢板与混凝土板明显发生竖向剥离，板件迅速破坏，此种破坏方式挠度发展充分，在破坏前有明显的裂缝发展过程，延性良好，但承载力较其他板件低。

发生混合破坏的板件有 S1T2、S1B3、S1S2、S1S3，在加载的初期，板底端的混凝土竖向抗弯裂缝出现不多且裂缝宽度大多为 0.15mm 左右，发展缓慢；当荷载增大到 $0.5P_u$ 左右的时候，钢板和混凝土板之间的水平裂缝发展明显，且在此阶段可以多次听到"啪啪"的响声，在板的上表面出现由端部向中部加载梁附近发展的 3 条或 4 条裂缝并且宽度不断变大；当荷载增大到 $0.7P_u$ 左右的时候，板底部加载处裂缝斜向发展指向加载点，且裂缝宽度不断增大，最后板顶端的混凝土大片被掀起，板件破坏。此种破坏方式在加载过程中板顶端裂缝分布较规律（一般有 3 条主要裂缝），发展缓慢，但一旦达到 P_u 则由于板件被剪坏，且混凝土顶部压溃，因此破坏较突然，承载力相对很大。

发生剪切破坏的板件有 S1J1、S1B2、S1T3，这组板件的承载力相对更高一些。在加载的初期（$\leqslant 0.5P_u$），板底抗拉段几乎不出现抗弯裂缝，可以判断板底的拉力几乎由钢板承担；在超过 $0.5P_u$ 之后的阶段，斜裂缝开始产生并向加载点处延伸，此时伴有钢板和混凝土板化学粘结脱离的"啪啪"响声，此时两种材料的连接完全靠栓钉的剪力提供；在达到 $0.7P_u$ 的时候出现一定程度的卸载现象（一般荷载值下降 50kN 左右），此时"噼啪"响声比较密集，而跨中挠度继续增大，刚度有较小的降低，在荷载-跨中挠度曲线上体现为曲线稍有变平缓；在此次卸载过后（几乎达到 $0.9P_u$ 左右），荷载继续增大，板件即将被剪坏，斜裂缝由支座延伸至加载点，板件破坏。

第二批两块试件均呈现弯曲破坏且试验过程相似，在加载的初期，板底抗拉段几乎不出现弯曲裂缝，表明板底拉力几乎由钢板承担。随着荷载继续增大，达到 $0.5P_u$ 左右的时候，听到"啪啪"的声响，混凝土板侧面开始出现弯曲裂缝，可以推测此时钢板与混凝土板之间的化学粘结已经失效，此阶段挠度快速增长。继续加载到 $0.7P_u$ 左右的时候，板顶加载点处开始出现裂缝，板侧面竖向弯曲裂缝继续向板顶延伸且宽度不断增大。此阶段多次听到"啪啪"声响同时伴有少量卸载（一般荷载值下降 10kN），可以推测组合板内局部发生了破坏并进行了应力重分布。此后随着荷载继续增大，挠度迅速增大且板顶加载点处混凝土裂缝迅速加宽，最后在达到 P_u 时表面大量被掀起，板件出现大规模卸载并破坏。试验中组合板试件挠度发展充分，在破坏前有明显的裂缝发展过程，延性良好。

3. 截面应变沿高度的分布

图 3-15 所示为钢板-混凝土组合板跨中截面纵向应变沿截面高度的分布。图中横坐标为截面的纵向微应变；纵坐标为沿截面的高度，$x=0$ 为钢板底面，$x=100(150)$ 为混凝土板顶面。从图中可以看出，加载初期截面应变分布能够较好地符合平截面假定，后期应变有新偏离现象。

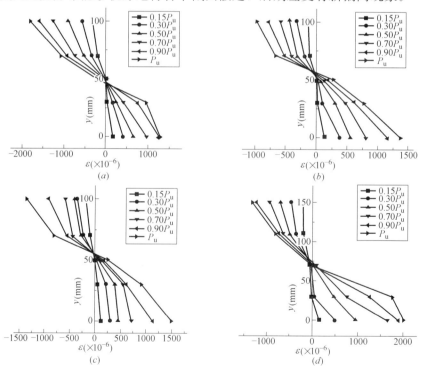

图 3-15 跨中截面纵向应变沿截面高度的分布（一）
(a) S1J1；(b) S1J2；(c) S1T2；(d) S1T3

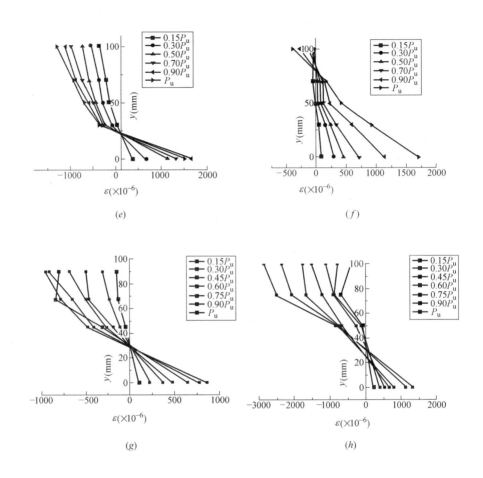

图 3-15 跨中截面纵向应变沿截面高度的分布（二）
(e) S1S2；(f) S1S3；(g) SCCS1；(h) SCCS2

4. 荷载-挠度分布

为了研究组合板各点的位移随着荷载增大的变化规律，在板底纵向对称轴上布设了 3 个位移计，图 3-16 分别为 S1J1（两点对称加载）和 S1T3（跨中一点加载）以及 SCCS1、SCCS2 的位移分布图。横坐标为板件纵向对称轴位置，$x=0$ 为板件的跨中位置；纵坐标为挠度值；箭头所示为加载位置。在加载的初期，各点挠度按同一速率增大，而到了加载的末期（大约在 $0.7P_u$ 之后），跨中挠度开始以较快的速度增大，此时通常是斜裂缝开展较充分的时刻。

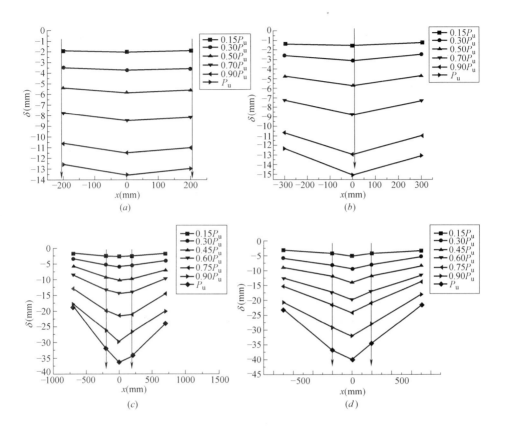

图 3-16 荷载-挠度分布

(*a*) S1J1；(*b*) S1T3；(*c*) SCCS1；(*d*) SCCS2

5. 钢板纵向对称轴上应变分布

图 3-17、图 3-18 所示为钢板-混凝土组合板中钢板纵向对称轴上的应变分布情况。图中横坐标为沿钢板纵向的距离，$x=0$ 代表左边支座处；纵坐标为钢板底部的纵向微应变；箭头表示加载点位置。由图可见，不论是跨中一点加载还是两点对称加载，在加载的初期（$0.5P_u$ 左右），试件剪跨段钢板应变基本为线性分布，越靠近加载点处，应变越大，这表明由于栓钉的连接作用，钢板可以与混凝土板共同工作，实现了良好的组合作用。在接近极限荷载的时候，应变分布不再服从线性规律，在加载点和支座之间某些点的应变有很大程度的增长，这是由于在这些点处出现了弯曲裂缝（或者是斜裂缝），钢板与混凝土板的化学粘结作用消失并出现竖向

剥离,钢板内部的压力产生了重分布,这一点在 S1J3 的曲线中体现得较为充分。而在试验中观察到 S1S3 钢板和混凝土板自始至终都没有剥离,所以体现在纵向应变分布曲线上就是各个荷载阶段的曲线都近似服从线性分布。

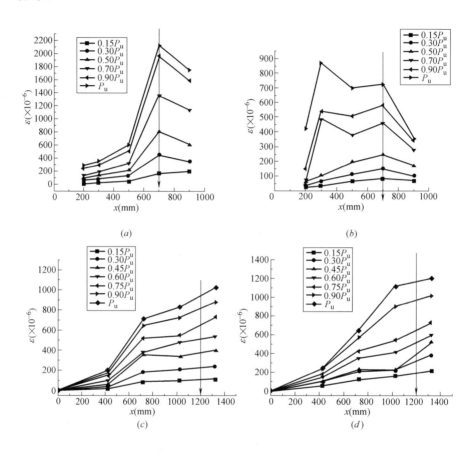

图 3-17　钢板纵向对称轴上应变分布(两点对称加载)
(a) S1J1;(b) S1J3;(c) SCCS1;(d) SCCS2

6. 裂缝分布

全部 11 块板的裂缝分布及压溃区如图 3-19 所示,压溃区采用阴影部分表示。由于在组合板的底部有钢板连接,所以裂缝都是在板侧和板端出现,首先出现的裂缝主要是板底部的抗弯裂缝和钢板与混凝土板界面的水

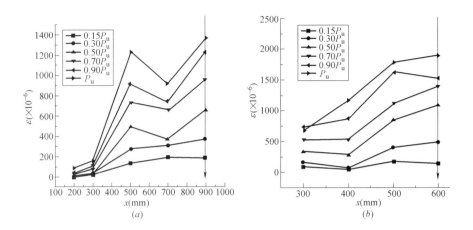

图 3-18 钢板纵向对称轴上应变分布（跨中一点加载）

(a) S1T3（b) S1S3

平裂缝，继而才有斜裂缝的产生、开展、延伸，同时，个别板件的上表面
还出现几条主要的纵向抗剪裂缝。

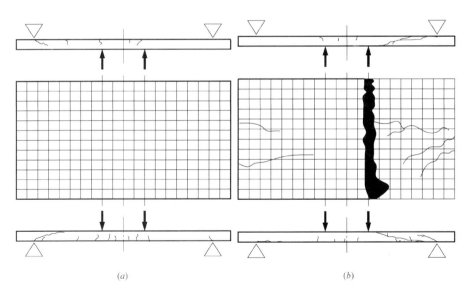

图 3-19 各板件的裂缝分布及压溃区（一）

(a) S1J1；(b) S1J2

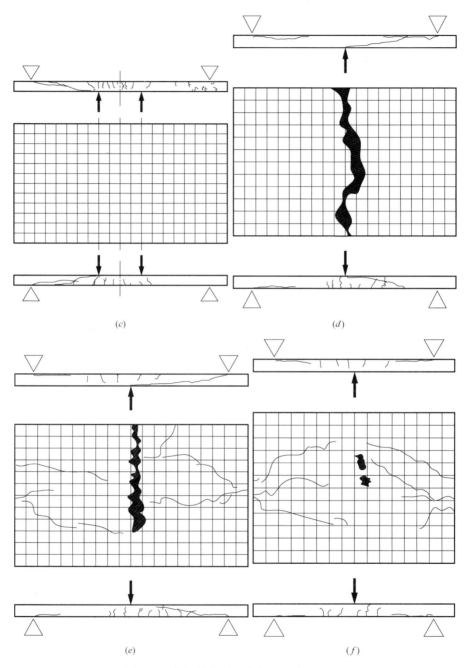

图 3-19　各板件的裂缝分布及压溃区（二）

（c）S1J3；（d）S1B2；（e）S1B3；（f）S1S2

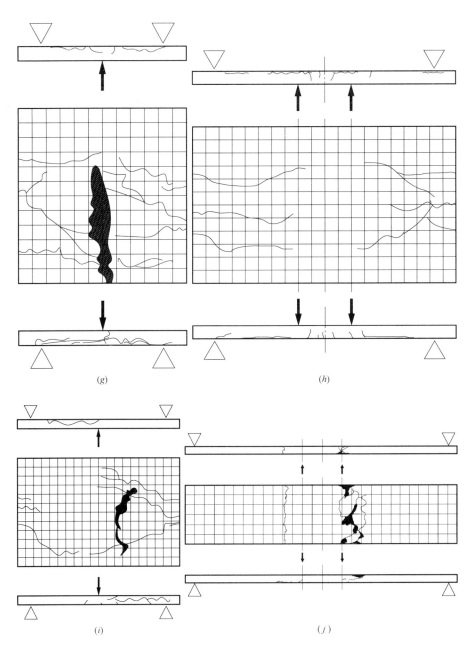

图 3-19 各板件的裂缝分布及压溃区（三）

（g）S1S3；（h）S1T2；（i）S1T3；（j）SCCS1

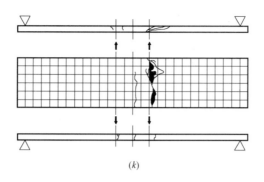

(k)

图 3-19　各板件的裂缝分布及压溃区（四）

(k) SCCS2

　　由图 3-19（a）～（i）可见，板跨中附近的弯曲裂缝在初期出现后就几乎不再发展，几乎所有的板件都出现了斜裂缝，成为构件破坏的主要原因。由图 3-19（j）、（k）可见，这两块板件的竖向弯曲裂缝均发展充分，并且板顶面均出现了压溃区域，构件呈现弯曲破坏形态。

7. 钢板-混凝土板界面滑移

　　作为柔性的抗剪连接件，栓钉的存在使钢板和混凝土板能够协同工作，但也不可避免地要在交界面上产生一定程度的滑移。本试验量测了这种界面滑移，图 3-20 为其中 6 块板件的界面滑移曲线。图中横坐标为沿钢板纵向的距离，$x=0$ 为支座处，横坐标的最大处为板件的跨中；纵坐标为滑移值；箭头代表加载处。

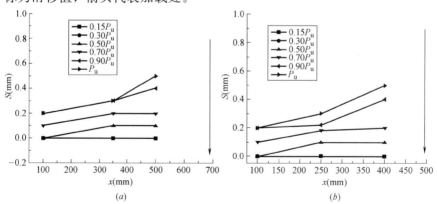

(a)　　　　　　　　　　　　　　(b)

图 3-20　界面滑移曲线（一）

(a) S1S2；(b) S1S3

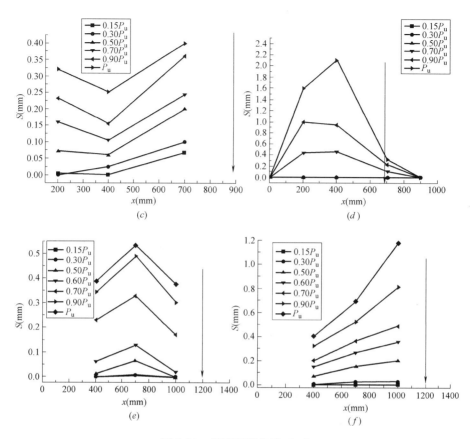

图 3-20 界面滑移曲线（二）

(*c*) S1B2；(*d*) S1J3；(*e*) SCCS1；(*f*) SCCS2

从图 3-20 可以看出，对于栓钉间距比较大的 S1J3 板件（栓钉间距为 200mm），在加载的初期，钢板和混凝土板界面几乎没有滑移，直到加载到 0.5P_u 之后，钢板和混凝土板才出现较大的滑移，此时二者相分离，完全靠栓钉传递剪力，到加载的后期，已经由于滑移量过大而造成了栓钉的剪断。

在抗剪连接程度比较高的情况下，如图 3-20（*a*）～（*c*）所示，在加载的初期及中期，荷载-滑移量基本呈线性关系，与直观的感受不同，由于支座反力提供的摩擦力较大，反而是在远离支座的位置滑移量相对较大，说明这种钢板伸入支座的组合板形式可以有效避免滑移量的过大造成构件刚度的减弱，由于结构完全对称，可以推测板件跨中的滑移量一定趋向于

0，因此可以断定，最大的滑移量基本出现在剪跨段靠近加载点的位置处。由图 3-20（a）～（c）还可以看出，这种剪力连接程度已经有足够的刚度，使得钢板和混凝土板界面的滑移量很小（一般都≤0.5mm），能够充分发挥两种材料的性能，协同工作。第二批试件在加载的初期，钢板和混凝土板界面几乎没有滑移，加载到 0.5P_u 之后有微量增长，最终板件破坏时滑移量十分微小。这是由于两块板件均为完全剪力连接，两者之间界面抗剪承载力充足，两种材料协同工作能力良好，能充分发挥两种材料的性能。

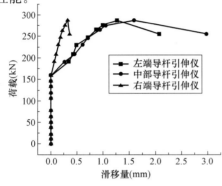

图 3-21　S1J3 荷载-滑移曲线

图 3-21 所示为滑移量较大的 S1J3 的荷载-滑移曲线。由图可见，在荷载较小的阶段，几乎不出现滑移；到加载的中期，左端和中部的导杆引伸仪出现较大的滑移，而右端的导杆引伸仪滑移量一直很小；直到加载的末期，中部导杆引伸仪测量的滑移量由于此处斜裂缝的剧烈发展而超过了左端的导杆引伸仪。

8. 钢板横向应变

为了量测钢板横向对称轴方向的应变，在跨中设置了横向的钢板应变片，图 3-22 所示为荷载-钢板跨中横向应变图。经过对全部板件的观测，

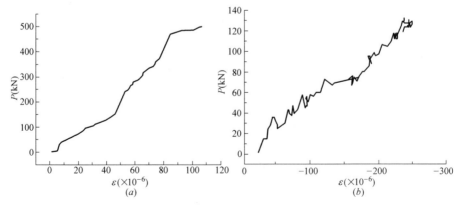

图 3-22　荷载-钢板跨中横向应变
(a) S1T3；(b) SCCS2

发现在跨中挠度的横向应变非常小，几乎为屈服应变的十分之一。说明组合板的弯曲主要发生在弯矩平面内，在平面外的弯曲几乎可以忽略不计。

3.2 钢板-混凝土组合板受弯承载力的影响因素及破坏模式分析

本节主要采用 ANSYS 对简支钢板-混凝土组合板进行有限元参数分析，通过变化试件的剪跨比，研究钢板-混凝土组合板截面抗弯承载力与抗剪承载力随剪跨比变化的趋势，分析板件的破坏模式，分别得出跨中单点加载以及跨中两点加载的情况下剪跨比对钢板-混凝土组合板破坏模式的影响规律，并提出发生各种破坏形态的阈值。

组合板数值计算基本参数如表 3-8 和表 3-9 所示，模拟中固定组合板中混凝土板厚度为 100mm，钢板厚度为 6mm，栓钉均按完全剪力连接设置，通过变化试件跨度的方式变化剪跨比（板件剪跨比等于加载点至支座处的距离除以板件厚度），进行对比分析。

组合板数值计算基本参数（单点加载）　　　　　　表 3-8

板件编号	SS-1	SS-2	SS-3	SS-4	SS-5	SS-6	SS-7	SS-8
板跨(mm)	1300	1400	1500	1700	1800	1900	2100	2350
剪跨比	5.5	6	6.5	7.5	8	8.5	9.5	10.75

组合板数值计算基本参数（两点加载）　　　　　　表 3-9

板件编号	DS-1	DS-2	DS-3	DS-4	DS-5	DS-6	DS-7	DS-8
板跨(mm)	1500	1700	1900	2350	2500	2650	2800	2950
剪跨比	4.3	5.2	6.1	8.3	9	10.1	10.4	11.1

3.2.1 有限元模型的建立

1. 材料本构关系

混凝土板的受压本构关系采用 Hongnestad[103] 曲线，受拉本构关系采用简化受拉模型曲线，本构关系曲线如图 3-23 所示。

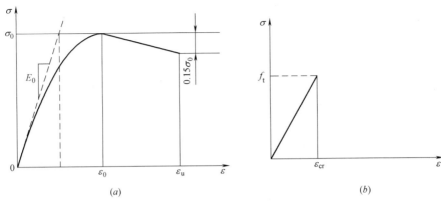

图 3-23 混凝土板本构关系

（a）混凝土板受压本构关系；（b）混凝土板受拉本构关系

混凝土板受压状态下的关系式如下：

$$\begin{cases} \sigma=\sigma_0\left[2\left(\dfrac{\varepsilon}{\varepsilon_0}\right)-\left(\dfrac{\varepsilon}{\varepsilon_0}\right)^2\right] & \text{（当 }\varepsilon\leqslant\varepsilon_0\text{ 时）} \\ \sigma=\sigma_0\left[1-0.15\left(\dfrac{\varepsilon-\varepsilon_0}{\varepsilon_u-\varepsilon_0}\right)\right] & \text{（当 }\varepsilon<\varepsilon_0<\varepsilon_u\text{ 时）} \end{cases} \tag{3-1}$$

式中，取 $\varepsilon_0=0.002$，$\varepsilon_u=0.0033$，σ_0 为峰值应力，取 $\sigma_0=0.76f_{cu}$，f_{cu} 为混凝土的标准立方体抗压强度。

混凝土板受拉状态下的关系式为 $\sigma=E_c\varepsilon$（$\varepsilon\leqslant\varepsilon_{cr}$），混凝土的轴心抗拉应力取为 $f_t=0.395f_{cu}^{0.55}$，混凝土受拉及受压的弹性模量相同。

建模过程中，采用 ANSYS 中的混凝土多线性各向同性强化塑性模型。并将第 2 章的混凝土试块抗压强度代入方程，在 ANSYS 中输入材料性能，混凝土的泊松比通常为 0.16～0.23，本章混凝土模型中均取为 0.2。

钢材采用 Q235 钢，钢板抗拉强度取自材性试验结果，钢材的弹性模量 $E_s=206$ GPa。钢材本构关系采用理想弹塑性模型，如图 3-24 所示。

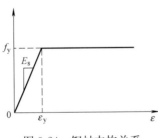

图 3-24 钢材本构关系

在钢板-混凝土组合板受弯状态下，钢板和混凝土板界面的纵向剪力会使栓钉抗剪连接件产生滑移，国内外学者通过大量的试验研究发现，这种滑移会对组合板抗弯承载力以及抗弯刚度产生影响，因此，在用 ANSYS 对组合板试件进行数值模拟的过程中，也要考虑抗剪连接件滑移产生的影响。为了考虑抗剪连接件滑移产生的影响，在定义栓钉抗剪连接件本构关系时，Oll-gaard[74]提出了栓钉剪力-滑移模型，如图 3-25 所示，其表达式如下：

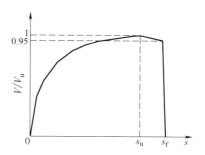

图 3-25　栓钉剪力-滑移曲线

$$V = V_u (1-e^{-ns})^m \quad (3-2)$$

$$V_u = 0.43A_s \sqrt{E_c f_c} \leqslant 0.7A_s \gamma f \quad (3-3)$$

式中　V_u——栓钉的极限承载力；

　　　s——滑移量，mm；

　　　f_c——混凝土抗压强度设计值；

　　　E_c——混凝土弹性模量；

　　　A_s——栓钉栓杆截面面积；

　　　f——栓钉的极限抗拉强度设计值；

　　m、n——根据试验得到的参数。

Ollgaard 提出 $m=0.558$、$n=1$；Aribert 提出 $m=0.8$、$n=1.5$；聂建国教授在对钢筋混凝土梁组合结构进行加固试验时，由于栓钉处于受拉区，认为其滑移应为普通推出试验的两倍，即 $m=0.558$、$n=0.5$。本章暂时使用聂建国教授提出的数值进行研究。

2. 有限元加载模型

钢板—混凝土组合板有限元加载模型如图3-26所示，混凝土板、钢板、栓钉分别采用 SOLID 65、SOLID 45 与 COMBIN 39 弹簧单元模拟，弹簧单元连接底部的钢板单元及上部的混凝土板单元，在支座处及加载处设置弹性垫块，以避免加载过程中由于应力集中造成试件破

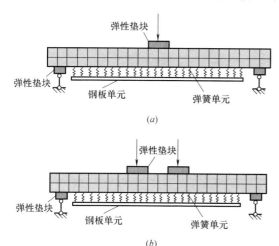

图 3-26　钢板-混凝土组合板有限元加载模型

（a）单点加载；（b）两点加载

坏。采用力控制收敛准则，在垫板上的节点处设置竖向位移约束，采用位移加载的方式。有限元求解方法使用非线性迭代法，将荷载分解为一系列增量，在每一增量步求解结束后，调节刚度矩阵以适应非线性响应。

3.2.2　试验验证

为确保本章中数值模拟所使用模型的合理性，这里先对本章试验试件 SCCS1 进行数值模拟，并将试验数据与本章中数值模拟的结果进行对比。

1. 钢板-混凝土组合板数值模型的验证

为确保数值模型的合理性，以试件 SCCS1（混凝土板厚度 90mm，钢板厚度 6mm，板长 2800mm，板宽 600mm）进行数值模拟，并将试验数据与数值模拟的结果进行对比。钢板-混凝土组合板的数值模拟结果和试验得到的荷载-挠度曲线对比如图3-27所示。由图3-27可见，组合板有限元模拟得到的极限承载力及变形性能与试验结果基本吻合。

钢板-混凝土组合板的有限元模拟结果和试验中试件 SCCS1 破坏情况如图3-28

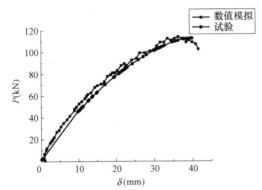

图 3-27　钢板-混凝土组合板荷载-挠度曲线对比

所示，组合板破坏典型图如图 3-29 所示。图 3-28（a）有限元模拟结果显示，在加载区混凝土应变达到 4400×10^{-6} 时，表示此处混凝土被压溃；图 3-28（b）试验结果显示，试件达到极限承载力时，加载处附近的混凝土表面大量被掀起，混凝土被压溃，试件出现大规模卸载并破坏，与有限元模拟结果相符。

由以上分析可见，钢板-混凝土组合板通过有限元模拟得到的极限承载力及变形性能与试验得到的数据基本一致，所以本节建立的有限元模型可以较好地模拟钢板-混凝土组合板的承载能力和变形性能。

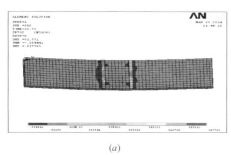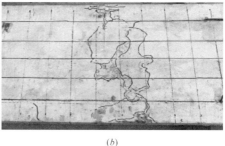

(a)　　　　　　　　　　　　　　　　(b)

图 3-28　有限元模拟结果与试验结果对比图

（a）板顶混凝土应变；（b）SCCS1 压溃区

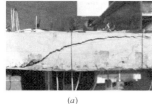

(a)　　　　　　　　　　　(b)　　　　　　　　　　　(c)

图 3-29　试件破坏图

（a）S1J3 钢板剥离破坏；（b）S1B3 剪切破坏；（c）SCCS2 弯曲破坏

2. 试验试件破坏模式的验证

试验结果如表 3-10 和表 3-11 所示。从表 3-10 可以看出，在单点加载情况下，S1S3、S1B3、S1B2、S1S2 这 4 块试件剪跨比均小于 7.5，发生剪切破坏；试件 S1T3 剪跨比介于 7.5～10 之间，发生弯剪破坏。从表 3-11可以看出，在两点加载情况下，S1J1、S1J2、S1T2 三块试件剪跨比小于 7，发生了剪切破坏；钢板剥离破坏仅发生在抗剪连接件不完全剪力连接时的试件 S1J3。在本试验中，SCCS1、SCCS2 两块试件剪跨比大于9，发生了弯曲破坏。通过与前期所有试验结果对比，可知本节提出的单点或两点加载情况下组合板破坏形态的剪跨比阈值结果与前期试验结果吻合良好。

单点加载试验结果　　　　　　　　　　　　表 3-10

试件编号	剪力连接情况（Y/N）	加载方式	剪跨比	破坏方式
S1S3	Y	单点加载	3.3	剪切破坏
S1B3	Y	单点加载	6.2	剪切破坏

续表

试件编号	剪力连接情况（Y/N）	加载方式	剪跨比	破坏方式
S1B2	Y	单点加载	7.2	剪切破坏
S1S2	Y	单点加载	5.3	剪切破坏
S1T3	Y	单点加载	8.2	弯剪破坏

两点加载试验结果　　　　　　　　　　　　　表 3-11

试件编号	剪力连接情况（Y/N）	加载方式	剪跨比	破坏方式
S1J3	N	两点加载	6.6	钢板剥离
S1J1	Y	两点加载	6.6	剪切破坏
S1J2	Y	两点加载	6.6	剪切破坏
S1T2	Y	两点加载	6.5	剪切破坏
SCCS2	Y	两点加载	10.4	弯曲破坏
SCCS1	Y	两点加载	11.5	弯曲破坏

3.2.3　各参数变化对组合板承载力及变形性能的影响

在建立了正确的有限元模型的基础上，进一步分析了各参数的变化对于钢板-混凝土组合板承载力及变形性能的影响。为了分析的统一和方便，把加载方式全部改成两点对称加载，并对各参数的变化进行分组分析，得到的荷载-挠度曲线如图 3-30 所示。

图 3-30（a）所示为保持钢板厚度为 6mm，混凝土板厚度为 100mm，栓钉间距分别变化为 50mm、100mm、200mm 的承载力及变形性能。由图可见，试件延性随着栓钉间距的增大而增加，当栓钉布置较密（50mm）时，板件承载力非常大，且由此时的应力云图可知钢板率先屈服，而后混凝土板达到极限受压强度，钢板和混凝土板的材料性能得到充分的发挥；但随着栓钉间距的增大，即剪力连接程度的降低，极限荷载有减小的趋势，这是因为随着栓钉数量的减少，极有可能使栓钉被剪坏而导致试件破坏，钢板与混凝土板的强度都没有得到充分发挥即发生了破坏，当栓钉间距为 200mm 时，板件的承载力急剧降低，但延性却显著增强，这和试验中所观察到的现象完全一致。因此，抗剪连接程度对钢板-混凝

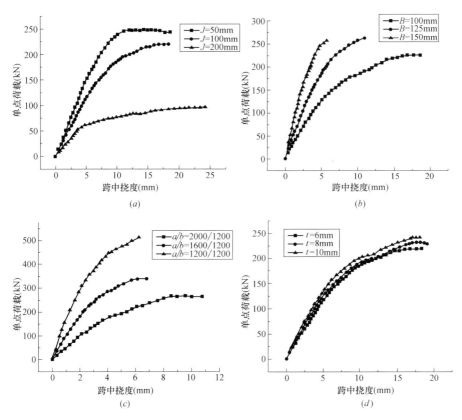

图 3-30　参数变化对组合板承载力及变形性能的影响

（*a*）变化栓钉间距；（*b*）变化混凝土板厚度；（*c*）变化长宽比；（*d*）变化钢板厚度

土组合板的承载力和变形性能具有显著的影响。

图 3-30（*b*）所示为保持栓钉间距为 100mm，钢板厚度为 6mm，混凝土板厚度分别变化为 100mm、125mm、150mm 的承载力及变形性能。由图可见，随着混凝土板厚度的增加，试件的抗弯承载力和抗弯刚度有显著的提高，但同时板件会损失一定的延性，由此可见，可以通过增大混凝土板的厚度来增大板的承载力与刚度，但考虑到工程实践中板件自重的限制以及板件变形性能的要求，不建议为了提高板件的承载力与刚度而一味地增加混凝土板的厚度。

图 3-30（*c*）所示为保持钢板厚度为 6mm，混凝土板厚度为 100mm，栓钉间距为 100mm，长宽比分别变化为 2000/1200、1600/1200、1200/1200 的承载力及变形性能。由图可见，随着试件长宽比的减小，试件的

抗弯承载力逐渐增大，延性也相应变差。ANSYS 的计算结果显示，当试件长度 $a=2000$mm 时，试件呈现出钢板首先屈服而混凝土板被压碎的弯曲特征，表现出良好的延性，而当 $a/b=1200/1200$ 时则无此特征。在应力云图中发现钢板和混凝土板都没有达到各自的极限强度，很可能是由于斜裂缝抗剪破坏造成的，在长宽比较小的情况下，破坏前位移发展很不充分，在实践中应该避免设计过小长宽比的组合板。

图 3-30（d）所示为保持混凝土板厚度为 100mm，栓钉间距为 100mm，钢板厚度分别变化为 6mm、8mm、10mm 的承载力及变形性能。由图可见，钢板厚度的增加有助于提高试件的抗弯承载力，但也可以看出，通过这种手段提高的幅度并不明显。从 ANSYS 的应力云图分析发现，由于钢板厚度的不断增加（当 $t=10$mm 时），组合板的破坏已不是由于钢板达到屈服强度，而是由于混凝土或栓钉的破坏，因此采用增大钢板厚度的办法来提高板件的承载力是不经济的。

3.2.4　组合板在受弯状态下的破坏模式分析

通过数值模拟，在两种加载情况下，各板件处在极限状态时剪跨段的剪力 V 和跨中最大弯矩 M 如表 3-12 和表 3-13 所示。

剪跨段的剪力 V 和跨中最大弯矩 M 值（单点加载）　　表 3-12

板件编号	SS-1	SS-2	SS-3	SS-4	SS-5	SS-6	SS-7	SS-8
V(kN)	143.3	141.8	121.3	112.5	102.3	91.7	85.2	66.5
M(kN·m)	78.8	85.1	78.8	84.4	81.9	77.9	80.9	71.5

剪跨段的剪力 V 和跨中最大弯矩 M 值（两点加载）　　表 3-13

板件编号	DS-1	DS-2	DS-3	DS-4	DS-5	DS-6	DS-7	DS-8
V(kN)	154.5	132.2	111.4	66.6	75.4	56.6	59.8	39.1
M(kN·m)	66.4	68.7	67.9	55.3	67.9	57.2	62.2	43.4

由前期试验结果可知，钢板-混凝土组合板在受弯状态下的受力性能类似于钢筋混凝土构件，将组合板底部钢板看作钢筋，参考钢筋混凝土受弯构件正截面承载力公式，采用塑性设计理论研究组合板截面极限弯矩。计算中忽略混凝土板的抗拉能力，钢板-混凝土组合板应力采用等效截面应力分布。

则混凝土板受压区高度为：

$$x=tf_y/(\alpha f_c) \tag{3-4}$$

组合板截面极限弯矩为：

$$M_u = A_s f_y \left(h - \frac{t}{2} - \frac{x}{2} \right) \tag{3-5}$$

式中 A_s——钢板截面面积；

      h——组合板高度；

      t——钢板厚度；

      f_y——钢板的屈服强度；

      a——混凝土板受压区等效矩形应力图系数；

      f_c——混凝土板轴心抗压强度，$f_c = 0.76 f_{cu}$；

      x——混凝土板受压区高度。

由于组合板截面抗剪承载力目前尚无可依据的计算方法或公式，且其抗剪承载性能主要依靠混凝土板，所以暂且参考无腹筋钢筋混凝土板截面抗剪承载力公式来计算钢板-混凝土组合板截面抗剪承载力。

则组合板截面抗剪承载力为：

$$V_u = 0.7 \beta_h f_t b h_0 \tag{3-6}$$

式中 β_h——截面高度影响系数；

      b——组合板有效宽度；

      f_t——混凝土板轴心抗拉强度设计值；

      h_0——组合板有效高度，当混凝土板有效高度 $h_0 < 800$mm 时，取 $h_0 = 800$mm。

将表 3-12 和表 3-13 中试件在极限状态下剪跨段的剪力 V 和跨中最大弯矩 M 分别除以公式（3-6）和公式（3-5）做无量纲化处理，得出钢板-混凝土组合板在集中荷载作用下截面抗弯承载力及抗剪承载力对比图，如图 3-31 所示，图中纵坐标 ρ 为极限状态下 V/V_u、M/M_u，横坐标 λ 为剪跨比（即 $\lambda = a/h_0$）。

从图 3-31 可以看出，在跨中单点加载和两点对称加载下，随着剪跨比的增大，各板件处在极限状态时跨中最大弯矩变化幅度不大，且 M/M_u 总是大于 1，这是因为 M_u 是将钢板假想成钢筋，参考钢筋混凝土受弯构件正截面承载力公式计算的结果，而有限元计算结果 M 是将钢板和混凝土板通过弹簧单元模拟栓钉的连接作用，考虑了两种材料的组合效应，考虑组合效应的有限元计算值必然会大于钢筋混凝土受弯构件的计算结果。而随着剪跨比的增大，剪力值下降幅度较大，参考无腹筋钢筋混凝土板在集中荷载下的抗剪承载力公式，可知随着剪跨比的增大，其抗剪承载力逐渐减小，正好与计算结果相吻合。

如图 3-31 所示，在跨中单点（两点对称）加载情况下，当 $\lambda < 7.5$（$\lambda < 7$）时，$\dfrac{V}{V_u} \geqslant \dfrac{M}{M_u} \geqslant 1$，截面抗剪承载力不足，抗弯承载力较抗剪承载力充足，试件发生剪切破坏；当 $7.5 < \lambda < 10(7 < \lambda < 9)$ 时，$\dfrac{M}{M_u} \geqslant \dfrac{V}{V_u} \geqslant 1$，截面抗剪承载力不足，抗弯承载力较抗剪承载力不足，试件发生弯剪破坏；当 $\lambda > 10(\lambda > 9)$ 时，$\dfrac{M}{M_u} \geqslant 1 \geqslant \dfrac{V}{V_u}$，截面抗剪承载力充足，抗弯承载力不足，试件发生弯曲破坏。

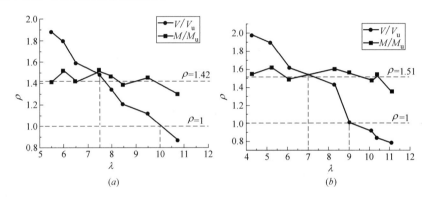

图 3-31　钢板-混凝土组合板截面抗弯、抗剪承载力对比图
（a）单点加载；（b）两点加载

本节通过变化试件的剪跨比，对钢板-混凝土组合板进行了非线性有限元分析，通过对比极限状态下钢板-混凝土组合板截面抗弯、抗剪承载力，分析了简支组合板的破坏模式，主要结论如下：

（1）钢板-混凝土组合板通过有限元模拟得到的极限承载力及变形性能与试验得到的数据基本吻合，本节建立的有限元模型可以较好地模拟钢板-混凝土组合板的承载能力和变形性能。

（2）钢板剥离破坏仅发生在抗剪连接件不完全剪力连接时的板件，在完全剪力连接情况下，钢板与混凝土板截面抗剪承载力充足，两种材料协同工作能力良好，能充分发挥两种材料的性能。在这种情况下，钢板剥离不会成为试件破坏的诱因。

（3）在跨中单点（两点对称）加载情况下，当 $\lambda < 7.5(\lambda < 7)$ 时，截面抗剪承载力不足，抗弯承载力较抗剪承载力充足，试件发生剪切破坏；

当 $7.5 < \lambda < 10 (7 < \lambda < 9)$ 时，截面抗剪承载力不足，抗弯承载力较抗剪承载力不足，试件发生弯剪破坏；当 $\lambda > 10 (\lambda > 9)$ 时，截面抗剪承载力充足，抗弯承载力不足，试件发生弯曲破坏。

（4）本节提出的单点或两点加载情况下简支组合板发生各种破坏形态的剪跨比阈值与前期试验结果吻合良好，可为工程设计提供参考。

3.3 考虑界面滑移的钢板-混凝土组合板受弯状态下的刚度分析及挠度计算

在工程实践中，由于钢-混凝土组合结构承载力高，刚度也比较大，通常采用较大的跨高比，因此精确计算构件在荷载作用下的挠度就比较重要。最初在计算钢-混凝土组合结构截面刚度时应用最为普遍的是换算截面法[104]，这种方法的主要思想是通过两种材料的弹性模量关系，将两种材料换算成同一截面，统一进行截面分析，我国旧的《钢结构设计规范》GBJ 17—1988[105]也使用换算截面法进行组合结构的刚度计算。这种方法的优点是理论思路明确、计算过程简单，但同时这种方法忽略了钢与混凝土界面的滑移效应对组合结构刚度的影响，故算出的刚度比实际刚度偏高，为使得出的刚度更加可靠，就不能忽略滑移效应的影响。聂建国教授在换算截面法的基础上，提出了折减刚度法[106]，该方法被写进我国现行的《钢结构设计规范》GB 50017—2003 中。

与钢筋混凝土结构不同，在研究钢板-混凝土组合板的抗弯刚度时，须考虑钢板与混凝土板界面滑移效应对组合板刚度的影响，本节在聂建国教授提出的钢-混凝土组合梁的刚度及变形计算公式的基础上，考虑钢板抗弯刚度的贡献，通过内力分析，对钢板—混凝土组合板抗弯刚度计算公式进行推导，并与试验数据进行对比。

3.3.1 钢板-混凝土组合板内力分析

为简化理论推导过程，并结合前期试验所观察到的现象，特作如下基本假设：

（1）在发生破坏前钢板-混凝土组合板处于弹性工作阶段，为简化推导过程，内力分析过程中，可近似将组合板视为弹性体；

（2）钢板与混凝土板交界面上的相对滑移与水平剪力成正比；

（3）混凝土板截面在加载过程中符合平截面假定；

（4）钢板与混凝土板在变形过程中具有相同的曲率；

（5）栓钉均匀布置，且两个栓钉之间的距离为 d。

本节研究对象钢板-混凝土组合板微段变形模型如图 3-32 所示。

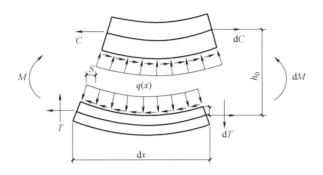

图 3-32　微元受力分析

图 3-32 中上部为混凝土板微段，下部为钢板微段，h_0 为混凝土板形心到钢板形心的距离，C 为混凝土承受的压力，T 为钢板承受的拉力，M 为截面弯矩，S 为界面产生的相对滑移，混凝土板、钢板截面总的弯矩为 $M_c(x)=N(x)a+M_c$，$M_s(x)=M_s+N(x)b$，M_c、M_s 为混凝土板、钢板分担的弯矩，且 $\dfrac{M_s(x)}{M_c(x)}=\dfrac{E_s I_s}{E_c I_c}$，$E_c$、$I_c$、$E_s$、$I_s$ 分别为混凝土板和钢板的弹性模量及惯性矩，混凝土板半厚为 a，钢板半厚为 b，其中 x 为横坐标上的点距板最左端的距离。组合板在发生弯曲变形时，在交界面上，有相对滑移 S 发生，这是由于交界面上相邻点的混凝土板应变与钢板应变不相等导致的，所以有：

$$\varepsilon_s=\frac{\mathrm{d}S}{\mathrm{d}x}=\varepsilon_{cs}-\varepsilon_{ss} \tag{3-7}$$

式中　ε_s——组合板的滑移应变；

ε_{cs}、ε_{ss}——交界面上相邻点的混凝土板应变与钢板应变。

以微元为研究对象，设 $N(x)$ 为距坐标原点 x 处的轴向力，而 $q(x)$ 为距坐标原点 x 处的交界面上单位长度的剪力，它们二者有如下关系：

$$N(x) = N(0) + \int_0^x q(t)\,\mathrm{d}t \tag{3-8}$$

求导得 $q(x)=N'(x)$，而单位长度的剪力 $q(x)$，根据前述基本假设

（2），有：

$$q(x) = KS(x) \tag{3-9}$$

式中 K——栓钉抗剪连接件的纵向抗剪刚度。

由公式（3-7）和公式（3-9）可以得到：

$$\varepsilon_s = \frac{dS}{dx} = \frac{1}{K}\frac{dq(x)}{dx} = \frac{1}{K}N''(x) \tag{3-10}$$

由内力分析可知，钢板与混凝土板交界面的滑移应变 ε_s 是由两种因素导致的：

（1）正截面轴力大小相同，但钢板与混凝土板的拉压刚度不同；

（2）钢板、混凝土板具有相同的曲率，但两者的截面高度不同。

由第一种因素导致的滑移应变为：

$$\varepsilon_1 = \left(\frac{1}{E_c A_c} - \frac{1}{E_s A_s}\right)N(x) \tag{3-11}$$

由于钢板、混凝土板具有相同的曲率，则：

$$\phi = \frac{M_c}{E_c I_c} = \frac{M_s}{E_s I_s} \tag{3-12}$$

式中 ϕ——截面曲率。

由第二种因素引起的滑移应变为：

$$\varepsilon_2 = \phi(a-b) = \frac{M_c a}{E_c I_c} - \frac{M_s b}{E_s I_s} = \frac{a}{E_c I_c}[M_c - N(x)a] - \frac{b}{E_s I_s}[M_s - N(x)b] \tag{3-13}$$

由于两种因素引起的滑移应变方向相反，故 $\varepsilon_s = \varepsilon_1 - \varepsilon_2$，代入得：

$$\varepsilon_s = \left(\frac{1}{E_c A_c} - \frac{1}{E_s A_s}\right)N(x) - \left\{\frac{a}{E_c I_c}[M_c - N(x)\,a] - \frac{b}{E_s I_s}[M_s - N(x)b]\right\} \tag{3-14}$$

把公式（3-14）代入公式（3-10），得：

$$\left(\frac{a^2}{E_c I_c} - \frac{b^2}{E_s I_s} + \frac{1}{E_c A_c} - \frac{1}{E_s A_s}\right)N(x) - \left(\frac{a}{E_c I_c}M_c - \frac{b}{E_s I_s}M_s\right) = \frac{1}{K}N''(x)$$

$$N''(x) - K\left(\frac{a^2}{E_c I_c} - \frac{b^2}{E_s I_s} + \frac{1}{E_c A_c} - \frac{1}{E_s A_s}\right)N(x) = -K\left(\frac{a}{E_c I_c}M_c - \frac{b}{E_s I_s}M_s\right)$$

令 $\delta = \dfrac{a^2}{E_c I_c} - \dfrac{b^2}{E_s I_s} + \dfrac{1}{E_c A_c} - \dfrac{1}{E_s A_s}$，$\Delta = -\left(\dfrac{a}{E_c I_c}M_c - \dfrac{b}{E_s I_s}M_s\right)$，$\lambda^2 = K\delta$，则上式可变化为：

$$N''(x) - \lambda^2 N(x) = K\Delta \tag{3-15}$$

设坐标原点在板跨中的钢板底部，板跨为 l，则：

$$M_c(x) + M_s(x) = M(x) = \frac{P}{2}x \tag{3-16}$$

$$\frac{M_s(x)}{M_c(x)} = \frac{E_s I_s}{E_c I_c} \tag{3-17}$$

可以求出：

$$M_s(x) = \frac{PE_s I_s x}{2(E_s I_s + E_c I_c)} \tag{3-18}$$

$$M_c(x) = \frac{PE_c I_c x}{2(E_s I_s + E_c I_c)} \tag{3-19}$$

将公式（3-18）、公式（3-19）代入公式（3-15）得：

$$N''(x) - \lambda^2 N(x) = K\left[-\frac{(a-b)}{(E_s I_s + E_c I_c)}\right]\frac{P}{2}x \tag{3-20}$$

方程的解可由方程（3-21）的通解和方程（3-22）的特解的和组成：

$$N''(x) - \lambda^2 N(x) = 0 \tag{3-21}$$

$$N''(x) - \lambda^2 N(x) = K\left[-\frac{(a-b)}{(E_s I_s + E_c I_c)}\right]\frac{P}{2}x \tag{3-22}$$

方程（3-21）的通解为：

$$N_0(x) = C_1 \mathrm{sh}x + C_2 \mathrm{ch}\lambda x; \tag{3-23}$$

方程（3-22）的特解为：

$$N_1(x) = \frac{KP(a-b)}{2(E_c I_c + E_s I_s)\lambda^2}x \tag{3-24}$$

将公式（3-23）和公式（3-24）相加，得方程通解为：

$$N(x) = C_1 \mathrm{sh}x + C_2 \mathrm{ch}\lambda x + \frac{K}{\lambda^2}\left(\frac{a-b}{E_s I_s + E_c I_c}\right)\frac{P}{2}x \tag{3-25}$$

代入边界条件：$v\left(\frac{l}{2}\right) = N'\left(\frac{l}{2}\right) = 0$（跨中界面剪力为 0），$N(l) = 0$（支座处），得出原方程的通解为：

$$
\begin{cases}
N(x) = \dfrac{P(a-b)}{\delta K(E_c I_c + E_s I_s)}\left(\dfrac{l-u}{l}x - \dfrac{\mathrm{sh}\lambda(l-u)}{\lambda \mathrm{sh}\lambda l}\mathrm{sh}\lambda x\right) (当\ x \in (0, u)时) \\
N(x) = \dfrac{P(a-b)}{\delta K(E_c I_c + E_s I_s)}\left(\dfrac{u}{l}(l-x) - \dfrac{\mathrm{sh}\lambda u}{\lambda \mathrm{sh}\lambda l}\mathrm{sh}\lambda(l-x)\right) (当\ x \in (u, l)时)
\end{cases} \tag{3-26}
$$

式中　u——加载点距支座的距离。

同样，得出在均布荷载和在两点对称加载的条件下的通解为：

均布荷载：

$$N(x) = \frac{P(a-b)}{\delta K(E_c I_c + E_s I_s)}\left(\frac{l^2 - x^2}{2} - \frac{\mathrm{ch}\lambda l - \mathrm{ch}\lambda x}{\lambda^2 \mathrm{ch}\lambda l}\right) \tag{3-27}$$

两点对称加载：

$$\begin{cases} N(x) = \dfrac{P(a-b)}{\delta K(E_c I_c + E_s I_s)}\left(\dfrac{l-u}{l}x - \dfrac{\mathrm{sh}\lambda(l-u)}{\lambda \mathrm{sh}\lambda l}\mathrm{sh}\lambda x\right) x \in (0, u) \\ N(x) = 0 \, x \in (u, l-u) \end{cases}$$

$$\tag{3-28}$$

3.3.2 基于折减刚度法的钢板-混凝土组合板位移计算方法

本节继续推导考虑界面滑移的钢板-混凝土组合板的跨中挠度，根据假设（4），由滑移效应引起的附加曲率为：

$$\Delta\phi = \frac{\varepsilon_s}{h} \tag{3-29}$$

式中 $\Delta\phi$——附加曲率；

h——组合板高度。

将公式（3-10）代入公式（3-29），可以得到：

$$\Delta\phi = \frac{\varepsilon_s}{h} = \frac{S'}{2(a+b)} = \frac{N(x)}{2K(a+b)} \tag{3-30}$$

由材料力学中挠度计算公式可知，$y''(x) = \phi(x)$。

解方程可求出跨中单点加载情况下由滑移效应引起的跨中附加挠度为：

$$\Delta y_1 = \frac{P}{2K^2\delta(E_c I_c + E_s I_s)}\left[\frac{l^3}{96} - \frac{1 + e^{-2\lambda} - 2e^{-\lambda}}{2\lambda^3(1 - e^{-2\lambda})}\right] \tag{3-31}$$

经过计算发现 $2e^{-\lambda}$、$e^{-2\lambda}$ 数值趋于零，故公式（3-31）可简化为：

$$\Delta y_1 = \frac{P}{2K^2\delta(E_c I_c + E_s I_s)}\left(\frac{l^3}{96} - \frac{1}{2\lambda^3}\right) \tag{3-32}$$

同样，可分别求出跨中两点加载及均布荷载情况下由滑移效应引起的跨中附加挠度为：

$$\Delta y_2 = \frac{P}{2K^2\delta(E_c I_c + E_s I_s)}\left[\frac{l^2(l-u)}{48} - \frac{e^{\frac{1}{2}\lambda l - \lambda u} - 2e^{\lambda u - \frac{3}{2}\lambda l}}{\lambda^3}\right] \tag{3-33}$$

$$\Delta y_3 = \frac{P}{2K^2\delta(E_c I_c + E_s I_s)}\left(\frac{l^4}{96} - \frac{l^3}{284} - \frac{l^2}{24\lambda^2}\right) \tag{3-34}$$

以上已经求出跨中单点、跨中两点加载及均布荷载情况下由滑移效应引起的跨中附加挠度，再通过叠加换算截面法算出的跨中挠度，即可得出考虑滑移效应的钢板-混凝土组合板跨中总挠度，计算公式为：

$$y = y_e + \Delta y \tag{3-35}$$

式中　y_e——换算截面法求出的跨中挠度。

将公式（3-32）～公式（3-34）代入公式（3-35）得：

$$y_1 = \frac{Pl^3}{48EI} + \frac{P}{2K^2\delta(E_cI_c + E_sI_s)}\left(\frac{l^3}{96} - \frac{1}{2\lambda^3}\right) \tag{3-36}$$

$$y_2 = \frac{P}{12EI}\left[2\left(\frac{l}{2} - u\right)^3 + 3b\left(\frac{l}{2} - u\right)(l - u)\right] +$$

$$\frac{P}{2K^2\delta(E_cI_c + E_sI_s)}\left[\frac{l^2(l-u)}{48} - \frac{e^{\frac{1}{2}\lambda l - \lambda u} - 2e^{\lambda u - \frac{3}{2}\lambda l}}{\lambda^3}\right] \tag{3-37}$$

$$y_3 = \frac{5Pl^4}{384EI} + \frac{P}{2K^2\delta(E_cI_c + E_sI_s)}\left(\frac{l^4}{96} - \frac{l^3}{284} - \frac{l^2}{24\lambda^2}\right) \tag{3-38}$$

其中 K 为栓钉抗剪连接件抗剪刚度系数，定义为：

$$K = \frac{nN_{cv}}{d}$$

式中　n——组合板截面横向的栓钉排数；

　　　N_{cv}——单个栓钉的极限抗剪承载力；

　　　d——栓钉间距。

3.3.3　基于宽度折减系数的钢板-混凝土组合板位移计算方法

在我国的《混凝土结构设计规范》GB 50010—2010（2105 年版）[107] 中，在理论与试验研究的基础上提出了钢筋混凝土梁的抗弯刚度计算公式，计算时假定梁的截面应变沿高度符合平截面假定，同时也考虑到了混凝土的开裂、钢筋应变不均匀等材料特性，根据试验回归，得到钢筋混凝土梁的抗弯刚度如下式：

$$B_s = \frac{E_sA_sh_0^2}{1.15\psi + 0.2 + \dfrac{6\alpha_E\rho}{1 + 3.5\gamma_f'}} \tag{3-39}$$

$$\psi = 1.1 - 0.65\frac{f_{tk}}{\sigma_{sk}\rho_{te}} \tag{3-40}$$

$$\sigma_{sk} = \frac{M_k}{0.87 h_0 A_s} \qquad (3\text{-}41)$$

式中　ψ——裂缝间纵向受拉钢筋应变不均匀系数；

　　　α_E——钢筋弹性模量与混凝土弹性模量的比值；

　　　σ_{sk}——按标准组合计算的钢筋应力。

《混凝土结构设计规范》GB 50010—2010（2015 年版）中的主要研究对象是钢筋混凝土梁，由于任何一本规范都是经过大量试验回归和理论分析得到的，所以有很强的权威性，因此如果能利用规范中已有的公式去计算，就要认真对比本节的研究对象和规范中的不同。我们可以把钢板-混凝土组合板看作是底部纵向受拉钢筋超出了保护层厚度而锚固在混凝土梁底面的混凝土结构，同时还应该考虑到钢—混凝土交界面的滑移问题，由于滑移引起的附加曲率会使构件刚度有所降低，即在给定用钢量的前提下，不考虑滑移计算得到的承载力要比实际值小而挠度要比实际值大，也就是说钢板的贡献在一定程度上被削弱了。T. M. Roberts[108] 在双层钢板-夹芯混凝土组合梁的试验研究中提出了折减钢板的宽度这一途径来近似考虑滑移的影响，他提出的钢板宽度折减系数如下：

$$k_b = \frac{K_s n}{K_s n + 2 b t_{sp} E_s / l} \qquad (3\text{-}42)$$

式中　K_s——单个栓钉的抗剪刚度，栓钉的剪力-滑移曲线受到很多因素的影响，但几乎所有的研究都有栓钉在受荷的初、中期剪力与滑移基本保持线性关系的共识，在基于一系列不完全剪力连接的钢-混凝土组合梁的挠度研究中，Y. C. Wang[109] 提出可以采用滑移量为 0.8mm 处的割线斜率作为栓钉的抗剪刚度，聂建国教授建议栓钉的刚度可以按 $K_s = 0.66 V_u$[110] 计算，V_u 计算同 N_{cv}；

　　　n——半跨长内的栓钉数量；

　　　l——梁的跨度；

　　　t_{sp}——钢板厚度；

　　　b——梁（板）的截面宽度。

在对钢板的宽度进行折减后，钢板的面积变为 $A_s' = k_b b t_{sp}$。

代入钢筋混凝土结构的抗弯刚度公式，得：

$$B_s = \frac{E_s A_s' h_0^2}{1.15\psi + 0.2 + \dfrac{6\alpha_E \rho}{1 + 3.5\gamma_f'}} \qquad (3\text{-}43)$$

在得到了刚度计算公式后，运用材料力学的公式，就可以方便地计算出任何荷载水平下的构件挠度。在计算过程中发现挠度计算结果偏大，原因在于钢板折减量过多，由于 k_b 是一个介于（0，1）之间的数，所以可以在折减系数上做一些修正，修正后的钢板宽度折减系数为：

$$k_b = \sqrt{\frac{K_s n}{K_s n + 2bt_{sp}E_s/l}} \tag{3-44}$$

利用修正后的折减系数可以更加精确地计算钢板—混凝土组合板的跨中挠度。

3.3.4 试验验证

目前国内尚无钢板—混凝土组合板的相关设计规范，本文暂且根据《钢-混凝土组合楼盖结构设计与施工规程》YB 9238—92 中第 4.1.7 条关于压型钢板组合板 L（板跨）/360 作为正常使用极限状态的挠度限值来考察上述公式推导结果与本文试验结果的差异。通过试验测出钢板-混凝土组合板挠度限值约 L（板跨）/360 时的挠度及相应的荷载值如表 3-14 中 δ_t、P_t 所示。同时按照上述两种挠度计算方法，分别根据试验构件表列出的参数计算组合板的挠度，其中混凝土弹性模量 $E_c = 3.25 \times 10^4$ MPa，钢板的弹性 $E_s = 2.06 \times 10^5$ MPa，δ_1 和 δ_2 分别为按 3.2.2 和 3.2.4 中方法计算得到的结果。

跨中挠度计算结果与实验结果对比 表 3-14

板件编号	P_t(kN)	δ_t(mm)	δ_1(mm)	δ_2(mm)	δ_1/δ_t	δ_2/δ_t
S1J1	203.13	4.70	4.98	5.25	1.060	1.118
S1J2	200.6	4.80	5.17	5.45	1.077	1.136
S1J3	171.31	4.76	5.45	4.95	1.146	1.039
S1B2	228.13	4.72	4.63	6.21	0.980	1.315
S1B3	293.98	4.73	4.88	5.35	1.032	1.131
S1S2	132.58	3.60	3.71	4.17	1.031	1.160
S1S3	129.76	2.49	2.39	2.83	0.958	1.189
S1T2	198.41	4.72	4.79	5.17	1.016	1.095
S1T3	211.82	4.72	4.83	5.36	1.024	1.135
平均值					1.036	1.146
变异系数					0.053	0.066

由表 3-14 可以看出，用本文推导的钢板—混凝土组合板跨中挠度计

算公式算出的结果与前期试验数据比较吻合。利用上节所述的挠度计算公式，可以考虑钢板-混凝土结构之间的滑移，第一种方法更加精确些，利用第二种方法，对钢板进行折减后，计算出的挠度偏大，偏于安全，而且可以与现行规范中的刚度计算公式统一，这种方法意义明确简单。

3.4　简支钢板-混凝土组合板的受弯承载力分析

3.4.1　截面分析法

截面分析法是一种传统而经典的力学分析方法，能够通过控制截面受力的全过程进行分析，在应用这种方法进行分析之前，有如下基本假定前提：

（1）在受力的全过程中，构件的截面应变沿高度始终保持平截面假定。

（2）不考虑混凝土龄期，忽略混凝土的收缩、徐变等变化引起构件内部的应力应变状态变化。

（3）板件变形是小变形，不影响受力分析图形和内力值。

注：本节钢板和混凝土的材料性能全部采用本书 3.1.2 节的数据。

截面分析法的思路如图 3-33 所示。

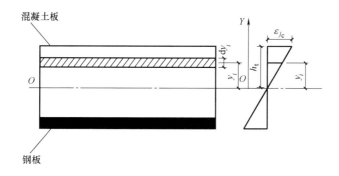

图 3-33　截面分析法

图 3-33 中 o—o 轴为组合板的中性轴，受压区高度为 h_t，将该截面沿 Y 轴方向分成很多条带，取条带中心的应变作为该条带处的应变，采用

MATLAB 数学软件编程，按以下方法进行迭代计算：①以第 i 步混凝土顶板最外沿条带的压应变 ε_c^i（$0 \leqslant \varepsilon_c^i \leqslant 0.0038$）为变量；②根据平截面假定，算出各条带应变，利用材料各自的本构关系计算出各条带的应力；③计算截面受压区合力 F_{ic} 和受拉区合力 F_{it}，若 $F_{ic} \neq F_{ic}$，重置 h_{it}，并重复第①、②步，反复迭代，直到满足 $|F_{ic}-F_{it}|/\min(F_{ic},F_{it}) \leqslant [\Delta]$，$[\Delta]$ 为预先设置的允许误差；④根据迭代得到的符合条件③的每一组 ε_{ic}、h_{it} 计算相应截面的弯矩，一个循环到此结束；⑤使 ε_{jc} 增加一个步长，进入下一个循环过程，由此得到截面在各个步长时的弯矩和截面信息，实现了构件受力的全过程分析，整个循环迭代过程如图 3-34 所示。

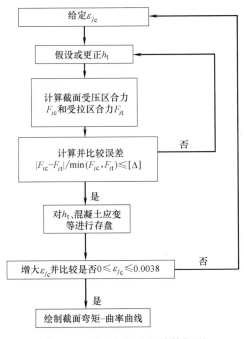

图 3-34　截面分析法的计算框图

通过以上计算可以得到组合板纯弯段、剪跨段的弯矩-曲率全过程曲线，然后根据结构力学中的弯矩截面法[111]计算出荷载-挠度曲线，计算结果与试验值对比如图 3-35 所示，其中 CSA 代表截面分析法得到的荷载曲线，Test 为试验曲线。

从计算结果来看，当栓钉间距较小时，两种方法的计算结果在加载的初期、中期吻合良好，此时，钢板和混凝土板的相对滑移较小，可视为完全剪力连接情况，在不考虑界面滑移的情况下用截面分析法进行计算是适

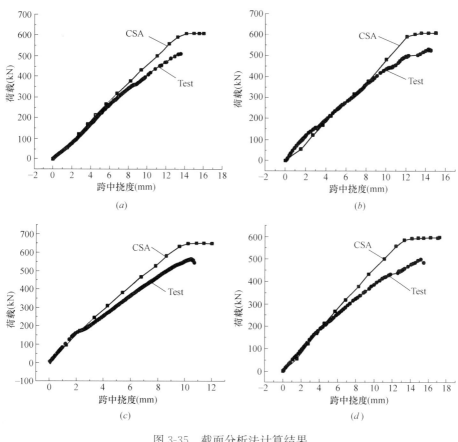

图 3-35　截面分析法计算结果

(a) S1J1；(b) S1B2；(c) S1B3；(d) S1T3

用的，且能得到荷载-挠度曲线的水平段。但在钢板屈服后，试验的荷载值继续增大，而截面分析法的荷载值趋于平稳，这是因为截面分析法中的钢板材料模型利用了理想弹塑性模型（在钢板屈服后，钢板应力不再增长而是呈一水平直线），试验的荷载值之所以能够继续增大，是因为钢材屈服后的强化阶段导致板件能够继续承载。

需要说明的是，截面分析法不能体现出剪力连接程度对组合板受力性能的影响，而只能直接用来分析完全剪力连接的情况，在遇到部分剪力连接的板件时，需要按 3.3.3 节提到的方法对钢板的宽度进行折减后更改材料属性后进行计算。

综上所述，截面分析法具有灵活方便、计算准确、能得到加载全过程的荷载-变形曲线等特点，但是这种方法需要较繁琐的前期计算机编程，在遇到部分剪力连接的组合板时，还需要对板宽进行一定的折减处理，会增大一定的工作量。

3.4.2 考虑界面滑移效应的极限抗弯承载力分析

由材料力学中截面弯矩与底部钢板应力的关系有：

$$M = W_{\sigma_s} \tag{3-45}$$

式中　W——按照换算截面法得到的钢板底部的截面抵抗矩；

σ_s——底部钢板应力。

如前所述，由于钢板和混凝土之间不可避免地存在滑移，因此按公式（3-45）算得的截面弯矩一般要比实际弯矩值大一些，为了定量精确计算，要考虑滑移对组合板抗弯承载力的影响，为方便分析，做出如下基本假设：

（1）钢板和混凝土板在变形过程中曲率相等，竖向不掀起；

（2）滑移应变引起的截面附加应力沿截面高度呈线性分布。

设钢板上表面的附加应变为 ε_{st}，交界面的滑移应变为 ε_s，根据图3-36的应变关系，有：

$$\varepsilon_{st} = \frac{h_s}{h}\varepsilon_s \tag{3-46}$$

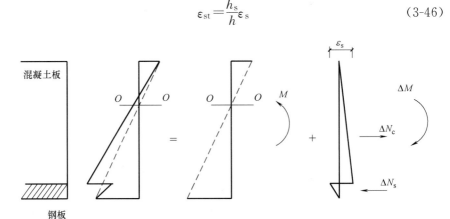

图 3-36　截面应变计算模型

根据图 3-36 的计算模型，钢板截面的附加合力为：

$$\Delta N_s = \frac{h_s}{h}E_s\varepsilon_s\frac{A_s}{2} \tag{3-47}$$

式中 A_s 为底部钢板的横截面积，之所以取 $\dfrac{A_s}{2}$，是因为附加应力图的钢板应变是一个直角三角形。由 ΔN_s 引起的附加弯矩（使截面的总弯矩减小）ΔM 为：

$$\Delta M = \frac{h_s E_s \varepsilon_s A_s}{6} \tag{3-48}$$

因此组合板的实际弯矩为：

$$M_p = M - \Delta M \tag{3-49}$$

计算 ΔM，就要知道滑移应变 ε_s，根据聂建国教授在折减刚度法中提出的折减系数可得：

$$\Delta \phi = \frac{\varepsilon_s}{h} = \frac{M}{EI} \xi \tag{3-50}$$

式中　$\Delta \phi$——截面由于滑移所产生的附加曲率；

ξ——刚度折减系数。

在不同的加载方式下，ξ 有不同的计算方法[43]：

$$\xi_1 = \eta \left(\frac{1}{2} - \frac{1}{\alpha L} \right) \tag{3-51}$$

$$\xi_2 = \frac{\eta \left(\dfrac{1}{2} - \dfrac{b}{L} - \dfrac{e^{-ab}}{\alpha L} \right)}{4 \left[2 \left(\dfrac{1}{2} - \dfrac{b}{L} \right)^3 + 3 \left(\dfrac{1}{2} - \dfrac{b}{L} \right) \left(1 - \dfrac{b}{L} \right) \dfrac{b}{L} \right]} \tag{3-52}$$

$$\xi_3 = \eta \left[\frac{1}{2} - \frac{4}{(\alpha L)^2} \right] \Big/ 1.25 \tag{3-53}$$

式中 $\eta = 24EI\beta/(L^2 h)$，α、β 均为与组合板截面属性有关的系数，很多文献中都有叙述[43]，在此不再赘述。考虑计算的方便，刚度折减系数一律按下式计算：

$$\xi = \eta \left[0.4 - \frac{3}{(\alpha L)^2} \right] \tag{3-54}$$

那么滑移应变 ε_s 可以由弯矩值来表示：

$$\varepsilon_s = \frac{M}{EI} h \xi \tag{3-55}$$

将公式（3-55）代入公式（3-48），得：

$$\Delta M = \frac{M h_s E_s A_s h \xi}{6EI} \tag{3-56}$$

所以，考虑滑移效应的截面实际弯矩 M_p 为：

$$M_p = M\zeta \tag{3-57}$$

其中，$\zeta = 1 - \dfrac{h_s E_s A_s h\xi}{6EI}$ 可以看作是滑移效应引起的板件截面的弯矩减小系数。

我们注意到，要求 M_p，首先必须知道 M，由 $M = W\sigma_s$，需要代入钢板的极限应力 σ_{max}，经过计算，本批钢板的极限应力 $\sigma_{max} = 1.5f$（f 为钢板的屈服强度），为了有一定的安全储备，取 $\sigma_{max} = 1.45f$，代入原式得：

$$M = W\sigma_{1max} \tag{3-58}$$

在极限承载力状态下，根据相关试验结果，交界面的滑移应变可以近似按下式确定[4]：

$$\varepsilon_{su} = \frac{M_{py}}{EI} h\xi \left(1 + \frac{3}{0.8 + \xi_1} \right) \tag{3-59}$$

其中 $\xi_1 = 1.25 \dfrac{x_u}{h_c}$，$x_u$ 为极限承载力状态下不考虑滑移时混凝土顶板至中性轴的距离，可以在计算初期进行手算确定。将公式（3-58）代入原式得：

$$M_p = W\sigma_{max} - \frac{h_s E_s \varepsilon_s A_s}{6} \tag{3-60}$$

由公式（3-60）可以计算出截面的极限抗弯承载力，再按加载方式换算成荷载值，与试验值的对比如表 3-15 所示，表中的 P_c 和 P 分别代表按本节方法得到的计算值和试验值。

极限抗弯承载力计算表　　　　　　　　　　　表 3-15

试件编号	加载方式	P_c(kN)	P(kN)	P_c/P
S1J1	两点对称	487.86	509.79	0.956
S1J2	两点对称	378.34	394.21	0.960
S1J3	两点对称	286.58	280.26	1.022
S1B2	跨中一点	501.17	529.82	0.945
S1B3	跨中一点	533.63	562.81	0.948
S1S2	跨中一点	370.44	381.71	0.970
S1S3	跨中一点	377.65	411.82	0.917
S1T2	两点对称	442.21	465.15	0.950
S1T3	跨中一点	459.73	498.11	0.922
平均值				0.955
变异系数				0.032

表 3-15 的数据表明，利用公式计算的结果和试验值基本一致，且普遍比试验值要小，说明公式中没有考虑到钢板达到屈服强度以后的强化现

象，计算的结果偏于安全，不失为一种可靠的计算钢板—混凝土组合板抗弯承载力的方法。

3.4.3 极限抗弯承载力的简化计算方法

本节试图利用传统的计算钢筋混凝土梁极限抗弯承载力的方法，对 9 块组合板的抗弯承载力进行计算，在确定组合板截面正弯矩抗弯承载力时，采用如下基本假设：

（1）混凝土板与钢板之间无滑移，为完全抗剪连接，能保证抗弯能力得到充分的发挥；

（2）位于中和轴受拉侧的混凝土板不参加工作；

（3）钢材本构关系采用理想弹塑性模型。

在极限状态下，截面的应力状态如图 3-37 所示。

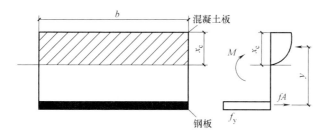

图 3-37　截面应力状态

图 3-37 中的 x_c 为根据试验数据分析得到的截面真实受压区高度，根据平截面假定，有如下关系：

$$\frac{x_c}{\varepsilon_c} = \frac{h_0 - x_c}{\varepsilon_s} \tag{3-61}$$

式中　ε_c、ε_s——板件达到试验极限荷载时混凝土顶板和钢板底部的应变。由公式（3-61）可得到板件截面的真实受压区高度，为了便于计算，可以把图 3-37 的应力状态修正为矩形应力状态，取矩形高度为（即修正后的受压区高度）$x = 0.8x_c$，修正后的截面应力计算简图如图 3-38 所示。

根据图 3-38 右边的计算简图，得到此时的板件的抗弯承载力：

$$M_{u1} = fbt\left(h_0 - \frac{x}{2}\right) \tag{3-62}$$

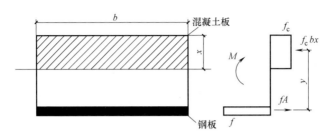

图 3-38 修正后的截面应力计算简图

M_{u1} 是根据板件破坏时混凝土顶板的应变得到的，此时混凝土顶板的应变即将达到峰值应变，但还没有达到极限压应变 ε_u（通常混凝土的极限压应变为 3300×10^{-6}），为了计算混凝土顶板达到极限压应变 ε_u 时截面的极限抗弯承载力，需要计算混凝土在极限压应变状态下的截面受压区高度 x'，而 x' 与此时的钢板应变和混凝土应变均有关，各参数的几何关系如图 3-39 所示。

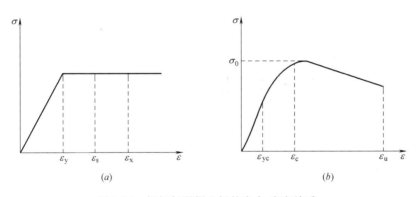

图 3-39 钢板与混凝土板的应力-应变关系
（a）钢板应力-应变曲线；（b）混凝土板应力-应变曲线（Hongnestad 模型）

图中各参数意义如下：

ε_y、ε_{yc} 分别为钢板刚刚达到屈服状态时的钢板应变和混凝土板应变；

ε_s、ε_c 分别为构件破坏时的钢板应变及混凝土板应变；

ε_x、ε_u 分别为混凝土压溃时的钢板应变及混凝土板极限压应变。

假定加载过程中速率恒定，则有如下关系：

$$\frac{\varepsilon_x - \varepsilon_s}{t_2} = \frac{\varepsilon_s - \varepsilon_y}{t_1} \tag{3-63}$$

$$\frac{\varepsilon_u - \varepsilon_c}{t_2} = \frac{\varepsilon_c - \varepsilon_{yc}}{t_1} \qquad (3\text{-}64)$$

式中　t_1、t_2——ε_y 变化到 ε_s、ε_s 变化到 ε_x 的时间。

将公式（3-63）、公式（3-64）左右两边分别相除，可以得到 ε_x，其余参数均为已知，这就可以得到混凝土达到极限压应变时的受压区高度为：

$$x' = \frac{(\varepsilon_u - \varepsilon_c)(\varepsilon_s - \varepsilon_y)}{\varepsilon_c - \varepsilon_{yc}} + \varepsilon_s + \varepsilon_u \qquad (3\text{-}65)$$

把 x' 代入 $M_{u1} = fbt\left(h_0 - \dfrac{x}{2}\right)$，即可得到构件实现抗弯破坏时的极限抗弯承载力，此种方法较为繁琐，且需要知道的物理量很多，需要随时监测，在精度要求不高的环境下，可以采用下述简便方法进行计算。

令混凝土板受压区高度为 x，根据截面的平衡条件 $\sum X = 0$，有：

$$bxf_c = Af \qquad (3\text{-}66)$$

由此可得：

$$x = \frac{Af}{bf_c} \qquad (3\text{-}67)$$

由平衡条件 $\sum M = 0$，则截面的极限抗弯承载力为：

$$M_u = bxf_c\left(h - \frac{x}{2}\right) \qquad (3\text{-}68)$$

式中　A——钢板截面面积；

　　　b——混凝土板宽度；

　　　x——混凝土板受压区高度；

f、f_c——钢板的屈服强度和混凝土板的抗压强度（均取材性试验值）。

计算证明，在剪力连接程度相对较高的情况下，该简便计算方法的计算精度能够满足要求。

根据本节的计算方法，计算 9 块组合板的极限抗弯承载力弯矩值，并按照各自的加载方式换算成荷载值，如前所述，P_{c1} 和 P_{c2} 分别为不考虑界面滑移时按照试验所得应变反算的抗弯承载力及如果混凝土顶面达到极限压应变时的抗弯承载力，P_c 为按 3.3 节得出的计算结果，即考虑了界面的滑移效应，P_{csa} 为按 3.4.1 节所述的截面分析法，利用 MATLAB 编程计算出的荷载，P 为试验值。试件破坏时钢板和混凝土板的应变情况如表 3-16 所示，计算结果如表 3-17 及表 3-18 所示。

由表 3-17 及表 3-18 可见，不考虑滑移时，在计算栓钉间距较大的板件时精度较低。当剪力连接程度较低时，必须考虑界面滑移效应。可以知道，在部分剪力连接的组合板中，不论其混凝土板内的抗压潜力有多大，都不会超过剪跨内交界面的抗剪连接件所能传递的纵向剪力，应该在计算

试件破坏时钢板与混凝土板应变情况　　　　　　　　　表 3-16

试件编号	钢板屈服	混凝土板达到峰值压应变	混凝土板达到极限压应变
S1J1	Y	Y	N
S1J2	Y	Y	N
S1J3	Y	Y	Y
S1B2	Y	N	N
S1B3	N	N	N
S1S2	Y	N	N
S1S3	Y	N	N
S1T2	Y	Y	Y
S1T3	Y	N	Y

不考虑滑移极限弯矩与 3.3 节计算结果 （kN）　　　　表 3-17

试件编号	加载方式	P_{c1}	P_{c2}	P_c	P_{csa}	P
S1J1	两点对称	509.08	555.20	487.86	608.20	509.79
S1J2	两点对称	509.08	555.20	378.34	608.20	394.21
S1J3	两点对称	509.08	555.20	286.58	608.20	280.26
S1B2	跨中一点	535.43	593.31	501.17	616.55	529.82
S1B3	跨中一点	578.65	637.21	533.63	648.47	562.81
S1S2	跨中一点	378.14	440.80	370.44	608.20	381.71
S1S3	跨中一点	432.23	521.12	377.65	638.23	411.82
S1T2	两点对称	453.55	523.66	442.21	580.84	465.15
S1T3	跨中一点	523.16	612.36	459.73	593.66	498.11

不考虑滑移极限弯矩与 3.4.1 节计算结果对比　　　　表 3-18

试件编号	加载方式	P_{c1}/P	P_{c2}/P	P_c/P	P_{csa}/P
S1J1	两点对称	0.99	1.08	0.95	1.19
S1J2	两点对称	1.29	1.40	0.95	1.54
S1J3	两点对称	1.81	1.98	1.02	2.17
S1B2	跨中一点	1.01	1.11	0.94	1.16
S1B3	跨中一点	1.02	1.13	0.94	1.15
S1S2	跨中一点	0.99	1.15	0.97	1.59
S1S3	跨中一点	1.04	1.26	0.91	1.54
S1T2	两点对称	0.97	1.12	0.95	1.24
S1T3	跨中一点	1.05	1.22	0.92	1.19

截面的左右两个剪跨内取抗剪连接件抗剪承载力之和的较小值，来作为混凝土板内的压力，根据上述内容，可以知道混凝土板内的受压区高度为：

$$x = \frac{n_r N_{cv}}{b f_c} \qquad (3\text{-}69)$$

根据截面的平衡条件 $\sum M = 0$，得出部分剪力连接的极限抗弯承载力为：

$$M_u = n_r N_{cv} \left(h - \frac{x}{2} \right) \qquad (3\text{-}70)$$

按照上面的方法重新计算组合板 S1J3 的极限荷载，得 $P_c = 280\text{kN}$，与上节的计算结果比较接近。

3.5 小结

本章通过试验研究、有限元数值计算和理论分析，对钢板-混凝土组合板在弯曲荷载作用下的破坏模式、钢板与混凝土板之间界面滑移特性、抗弯刚度等进行了研究，主要结论如下：

（1）第一批试验对 9 块钢板-混凝土组合板进行了静力加载试验，研究了组合板的破坏特征和变形规律，试验结果表明，破坏方式主要有钢板剥离破坏、混合破坏、剪切破坏三种。将栓钉作为抗剪连接件，钢板与混凝土板通过栓钉连接件能够有效地形成组合截面共同工作，在加载的过程中，截面纵向应变沿板件高度基本符合平截面假定，剪力连接程度、混凝土板厚度对组合板承载力的影响比较大，而钢板厚度对其影响较小。

（2）通过第一批试验，得出了剪力连接程度、混凝土板厚度、钢板厚度等因素对钢板-混凝土组合板抗弯承载力影响的特征和规律。第二批试验设计的 2 个组合板试件增加了跨高比因素的影响，进行了截面弯剪验算，以求试件呈现弯曲破坏。通过观察钢板-混凝土组合板在弯曲破坏下的受力特性，从中总结出相应的特征和规律。

（3）利用有限元软件 ANSYS 对 4 组钢板-混凝土组合板进行了有限元分析，模拟了构件加载的全过程，对影响钢板-混凝土组合板性能的主要参数进行了分析，包括栓钉间距、钢板厚度、混凝土板厚度、剪跨比、试件的长宽比。分析结果表明，提高剪力连接程度可以使钢和混凝土的材料性能得到充分发挥，组合板的抗弯承载力随着钢板厚度、混凝土板厚度的增大而增大，加载点越靠近支座、组合板的长宽比越小，组合板的抗弯承载力越大。截面分析法对于分析完全剪力连接的钢板-混凝土组合板效果良好。

（4）试验表明，钢板-混凝土组合板在弯曲荷载作用下的破坏模式主要有钢板剥离破坏、弯剪破坏、剪切破坏和弯曲破坏四种。从钢板-混凝土组合板截面抗弯及抗剪承载力的角度出发，通过变化试件的剪跨比，进行大量的数值计算，总结板件的破坏模式，分别找出跨中单点加载以及跨中两点加载的情况下剪跨比对钢板-混凝土组合板破坏模式的影响规律，并提出各破坏模式的阈值。

（5）从理论上分析了钢板-混凝土组合板在受到弯矩情况下交界面的滑移情况，建立了交界面剪力的函数，进而推导出了跨中挠度的计算公式，并与试验值进行了对比，所用的两种计算方法与试验结果吻合良好，且第二种方法具有一定的安全储备。公式表明，在单点加载的情况下，组合板的挠曲线近似符合三次曲线，对挠曲线进行简化后，可以较精确地计算跨中挠度。把钢板-混凝土组合板当成钢板锚固在混凝土梁（板）下部的假设是合理的，利用《混凝土结构设计规范》GB 50010—2010（2015年版）中的刚度计算公式计算本章的研究对象，概念明确，意义简单，可以作为工程实践的参考。

（6）分别利用截面分析法、基于折减刚度系数的抗弯承载力计算方法和不考虑滑移的应变反算方法探讨了钢板-混凝土组合板的抗弯承载力计算方法，截面分析法可以相对精确地计算抗剪连接程度较高的组合板的极限抗弯承载力，且能得到加载的全过程曲线；提出了基于刚度折减系数的抗弯承载力计算公式，计算结果与试验值比较吻合，该方法是一种可靠的计算方法；利用试验得到的应变，根据平截面假定反算截面的抗弯承载力的简化计算方法得到的计算结果与试验值进行了对比，采用这种方法计算组合板的承载力得到的计算结果偏大，偏于不安全，且无法考虑钢-混凝土交界面的滑移，但可预估组合板的极限抗弯承载力。

第4章 钢板-混凝土组合板的受剪承载性能研究

近年来钢板-混凝土组合板在建筑结构和桥梁的抗剪加固等方面应用较广泛，但目前关于组合板抗剪承载性能方面的理论研究滞后于工程实践，本章主要通过试验研究与数值仿真分析研究组合板在受剪状态下的变形、裂缝发展情况、钢板与混凝土参与抗剪程度等，并提出简支组合板抗剪承载力的建议计算公式。

4.1 小跨度钢板-混凝土组合板的抗剪承载性能试验

钢板-混凝土组合板的抗剪承载性能试验相对来说比较复杂，加载方式是需要重点考虑的问题。为了体现组合板的抗剪，实现钢板和组合板同步受载，并保证在试验过程中不出现面外侧倾，验证加载方式是否可行，首先进行了两个小跨度的抗剪试验。

4.1.1 试件设计及制作

小跨度抗剪试验设计了两块试件，编号分别为 CMS-1 和 CMS-2，各试件的尺寸相同，总长为 1200mm，净跨为 1000mm，组合板截面高400mm，宽150mm，CMS-1 和 CMS-2 的钢板厚度分别为 6mm 和 8mm，根据文献[55]在钢板表面布置 $\phi 8 \times 75$ 栓钉。试件截面尺寸及主要参数和栓钉布置如图 4-1～图 4-3 所示，试件的剪跨比均为 1.25。

为了使试件呈现比较典型的剪切破坏形态，在试件截面下部配有 6 根 $\phi 14$ 的受力钢筋，并在截面底部布置了 8mm 厚通长钢板，钢板表面熔焊了短钢筋弯头加强与混凝土的连接，以加强试件的抗弯承载性能。与此同时，为了防止加载区局部破坏，在加载区域布设了两层钢筋网片，支座和加载处混凝土板侧面均布置了小尺寸 8mm 厚钢板（均在内表面焊短钢筋弯头）。

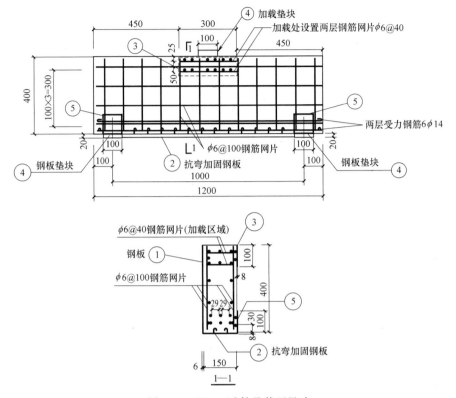

图 4-1　CMS-1 试件及截面尺寸

4.1.2　材料性能

钢板-混凝土组合板试件中混凝土设计强度等级为 C40，试验中浇筑试件时制作标准混凝土立方体试块，并与试件在相同的自然环境下进行养护，测得混凝土立方体抗压强度平均值为 39.82MPa。组合板所用钢材型号为 Q235 钢，材性试验测得 6mm 和 8mm 钢板的屈服强度分别为279.39MPa、284.02MPa，极限强度分别为 409.76MPa、414.09MPa，延伸率分别为 35%、30.87%。

4.1.3　试验加载方案及测点布置

两个试件均采用跨中单点加载两端支座简支的方式，加载试验装置如

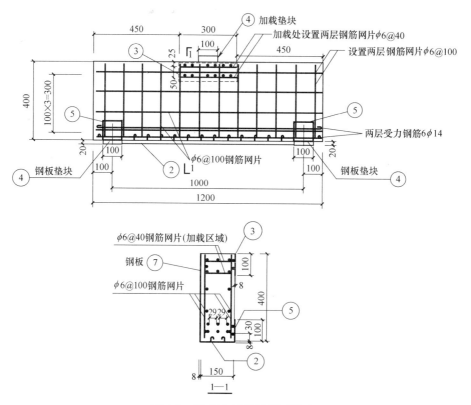

图 4-2 CMS-2 试件及截面尺寸

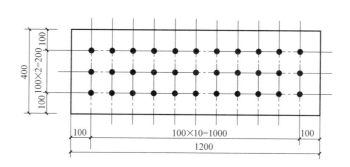

图 4-3 试件栓钉布置图

图 4-4 所示，组合板跨中钢板与混凝土板上部加载处设置垫块，保证加载过程中钢板与混凝土板加载点处竖向位移一致，共同承受荷载，且防止加载区局部破坏。荷载数值由千斤顶下面与计算机相连的传感器量测控制，

从而保证了加载的同步进行。按预估破坏荷载进行分级加载，使变形充分发展后读取位移值和采集应变值。

图 4-4　加载试验装置

在支座端部的水平向和竖向共布设了 4 个位移计，在试件底部中线上沿板长度方向均匀布置了 3 个位移计，用以量测加载后试验组合板的位移，如图 4-5 (a) 所示。同时沿试件钢板侧面和混凝土板侧面的高度方向布设了多个应变片（花）以进行应变量测，如图 4-5 (b)、(c) 所示。数据全部通过计算机 IMP 数据采集系统自动记录，此外，对试件的裂缝发展进行了观测。

4.1.4　试验现象

当荷载达到 $0.4P_u$（P_u 为极限荷载）时，混凝土板侧面先出现斜裂缝，裂缝沿着加载点到支座的方向逐渐变长形成一条连通裂缝。随着荷载的增大，裂缝变宽。当荷载增大到 $0.85P_u$ 时，钢板发出"啪啪"的响声，此外，混凝土板侧面的连通裂缝周围开始剥落，并出现更多细小裂缝。当接近极限荷载时，加载点钢板垫板部分被压陷于混凝土当中，混凝土板侧面出现严重剥落，内部配置的钢筋开始外露，钢板发生部分鼓出现象，如图 4-6 所示。从图 4-6 (a) 中可以明显看到 CMS-1 在试验中的局

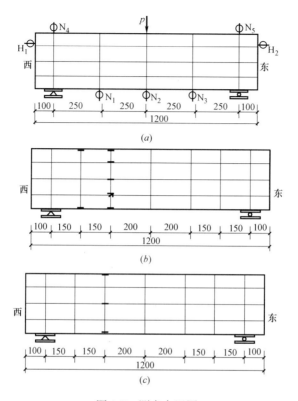

图 4-5　测点布置图

(a) 位移计布置图；(b) 钢板侧面应变片布置图；

(c) 混凝土板侧面应变片布置图

部破坏，这些局部破坏对结果并不会产生很大的影响。而在图 4-6 (b) 中看到 CMS-2 的裂缝开展不均，大多集中在混凝土板左半边，最后由于左半边的混凝土剥落而失效。而右边的混凝土只是产生裂缝并没有达到极限破坏的效果，这可能是由于加载位置偏离造成的，这种现象得到的数据会存在一定的偏差。整个过程中钢板、混凝土板同步加载，未出现组合板的侧向失稳，两个试件的混凝土部分最终的破坏形态主要是斜压破坏。

4.1.5　试验结果及分析

图 4-7 (a) 为组合板试件 CMS-1、CMS-2 的荷载-跨中挠度曲线。由图可知，组合板在变形过程中大致经历了弹性阶段、弹塑性阶段、塑性阶

图 4-6 试验现象

(a) CMS-1 试件破坏现象；(b) CMS-2 试件破坏现象

段。从开始加载到 $0.4P_u$（P_u 为极限荷载）时，组合板基本上处于弹性阶段，荷载-跨中挠度曲线基本上为直线。此时钢板的应变比较低，远未达到屈服应变。当荷载增大到（$0.4\sim0.8$）P_u 时为弹塑性阶段，混凝土开裂，试件刚度有一定程度的下降。当荷载大于 $0.8P_u$ 时为塑性阶段，荷载-跨中挠度曲线发生了明显转折，裂缝宽度迅速增加，挠度显著增大。在加载的全过程中，钢板与混凝土板共同工作性能良好，没有发现钢板剥离现象。图 4-7（b）为试件在不同荷载等级作用下的挠度曲线。从图中可以看出，随着荷载的不断增大，整体挠度曲线呈现逐渐增大的趋势。当荷载达到 P_u 时，跨中最大位移为 3.65mm。CMS-1 的抗剪极限承载力略高于 CMS-2，这主要是由于试验中加载位置偏离所致。

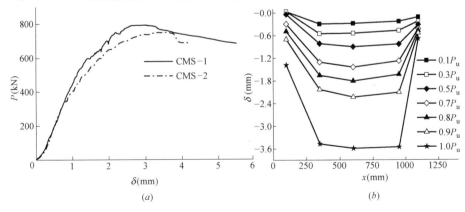

图 4-7 试验曲线

(a) 试件荷载-跨中挠度曲线；(b) 整跨挠度的分布情况

对试验测得的钢板应变进行弹性及塑性分析得到钢板跨中截面底部最大正应力及剪跨段钢板截面的最大剪应力，如表 4-1 所示，其中 f_y 为钢板的单向拉伸屈服强度，σ_s 为钢板跨中截面底部最大正应力，f_v 为钢板的剪切屈服强度，τ_s 为钢板上最大剪应力。从表中可以看出，钢板的正应力已达到屈服，而剪切强度未充分发挥。由此可见，小剪跨比（剪跨比为 1.25）构件抗弯承载力还需进一步加强，这也为后续组合板抗剪试验试件的设计提供了宝贵经验，即要充分做到强弯弱剪。

钢板应力分析结果 表 4-1

试件编号	σ_s(MPa)	f_y(MPa)	σ_s/f_y	τ_s(MPa)	f_v(MPa)	τ_s/f_v
CMS-1	318.52	279.39	1.14	109.36	167.63	0.65
CMS-2	336.48	284.02	1.18	116.21	170.41	0.68

对表 4-1 中钢板的应力进一步分析可以得到钢板部分承担的剪力，进而得到混凝土板承担的剪力，如表 4-2 所示，其中 V_t 表示组合板整体的极限抗剪承载力试验值，V_{st}、V_{ct} 分别表示钢板与混凝土板承担的剪力试验值。本节组合板中混凝土板部分抗剪承载力理论值 V_c 可按文献[102]或下式计算：

$$V_c = 0.7\beta_h f_t bh_0 \tag{4-1}$$

代入试验实测的混凝土板抗压强度，混凝土板抗拉强度取作 $f_t = 0.395 f_{cu}^{0.55}$。表 4-2 中混凝土板的抗剪承载力实测值为计算值的 2～4 倍，钢板承担的剪力占试件整体剪力的 50% 左右。可见组合板受剪时，由于混凝土板的斜裂缝发展受到侧面钢板的约束，不仅提高了混凝土板的抗剪能力，同时试件整体延性也大为改善，尽管混凝土板呈现剪压破坏的形态（见图 4-6），但组合板整体却表现出较好的延性。尽管此次试验中钢板的剪应力未充分发挥，但其在组合板中仍然承担较大比例的剪力。

钢板和混凝土板承担荷载计算结果 表 4-2

试件编号	V_{st}(kN)	V_{ct}(kN)	V_t(kN)	V_c(kN)	V_{ct}/V_c	V_{st}/V_t
CMS-1	349.95	443.19	793.13	103.21	4.29	0.44
CMS-2	495.83	254.48	750.31	103.21	2.47	0.66

4.1.6 与有限元计算结果的对比

采用 ANSYS 有限元软件对组合板进行建模分析，钢板采用 Solid45

单元进行模拟，混凝土采用 Solid65 单元进行模拟，栓钉采用空间二节点非线性弹簧单元 Combin39 进行模拟，其纵向剪力-滑移曲线采用应用比较广泛的 Ollgaard[74] 提出的模型，混凝土受压应力应变曲线采用 Hongnestad 公式。图 4-8 为试件 CMS-1、CMS-2 荷载-跨中挠度的试验值与有限元计算结果的对比，Test 曲线为试验中实测的荷载-跨中挠度曲线，ANSYS 曲线为有限元计算的结果。从图中可以看出，二者的总体趋势相近，但有限元计算结果偏高。其原因主要是 ANSYS 软件默认的是固定裂缝模型，这种裂缝模型容易导致剪力锁死问题，无法模拟混凝土的剪切软化行为，用固定裂缝模型分析混凝土受剪构件得到的结果往往比转动模型的精度差，合理开展基于转动裂缝模型的混凝土剪切理论研究成为接下来研究的主要内容。

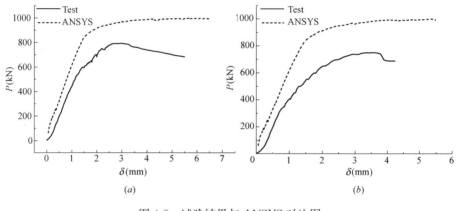

图 4-8　试验结果与 ANSYS 对比图
(a) CMS-1；(b) CMS-2

4.2　钢板-混凝土组合板的抗剪承载性能试验

4.2.1　试件设计

根据 4.1 节的小跨度试件进行了截面尺寸的调整，重新设计了 3 块钢板-混凝土组合板，编号为 SCS-1～SCS-3，试件主要变化参数是组合板的剪跨比 λ（λ＝a/h，a 表示组合板的剪跨，h 表示组合板的高度）、栓钉间

距。组合板的钢板采用 Q235-A 钢，混凝土为普通混凝土，栓钉直径为
13mm。为了对比，专门设计了 1 块无钢板混凝土板，编号为 SCS-4，试
验中无钢板混凝土板与组合板的配筋、材料等均相同。为了使试件呈现比
较典型的剪切破坏形态并防止加载区局部破坏，在加载区域布了 2 层钢
筋网片，支座和加载处混凝土板侧面均布置小尺寸 6mm 厚钢板（均在内
表面焊短栓钉）。所有试件的主要参数如图 4-9 和表 4-3 所示。

钢板-混凝土组合板试件参数 表 4-3

试件编号	λ	长度 L（mm）	跨度 L₀（mm）	a（mm）	钢板厚度（mm）	栓钉间距（mm）	分布筋
SCS-1	2.63	2300	2100	1050	6	150	$\phi6@150$
SCS-2	1.88	1700	1500	750	6	150	$\phi6@150$
SCS-3	1.88	1700	1500	750	6	250	$\phi6@150$
SCS-4	1.88	1700	1500	750	无	无	$\phi6@150$

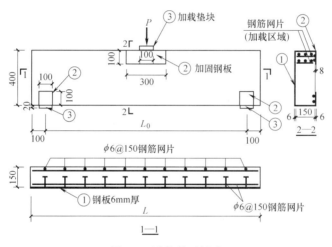

图 4-9 试件截面尺寸

4.2.2 试件制作

3 块钢板-混凝土组合板在制作时，钢板上焊接栓钉后作为试件的底
模，而那 1 块无钢板混凝土板需要制底模和侧模两部分，横向和纵向分布
筋按 $\phi6@150$ 布置。钢板及模板如图 4-10 所示。

混凝土采用 C30 的配合比进行机械搅拌。在浇筑混凝土的同时留出

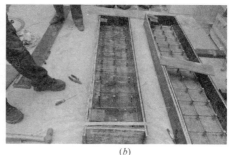

(a)　　　　　　　　　　　　　(b)

图 4-10　试件实物图
(a) 钢板；(b) 模板

2~3 组（每组 3 块）混凝土立方体试块（150mm×150mm×150mm），用于测试试件试验时混凝土的强度。试件做完后进行浇水养护，养护期为 3~7d，一周后拆侧模。

4.2.3　材料性能

（1）钢板

试验中所用钢板的钢材型号为 Q235-A，钢板的厚度为 6mm，共制作了 3 块标准试件进行拉伸试验测试，所得钢板的材性如表 4-4 所示。

钢板材料性能　　　　　　　　　　表 4-4

钢板厚度 （mm）	试件 编号	截面面积 （mm²）	屈服强度 （MPa）	极限强度 （MPa）	屈服应变 （MPa）	伸长率 （%）	弹性模量 （×10⁵MPa）
6	1	180	325.11	445.28	1496.00	30.00	2.17
	2	180	315.06	456.39	1823.00	27.73	1.73
	3	180	309.89	444.61	1579.00	28.67	1.96
	平均值		316.69	448.76	1632.67	28.80	1.94

（2）混凝土

混凝土的强度测试结果如表 4-5 所示，混凝土的泊松比取 0.2[111]。

（3）栓钉

栓钉采用 ML-15 钢材，其极限强度 $f_{us}=400MPa$。

混凝土材料性能 表 4-5

试件编号	制作日期	试验日期	试件抗压强度（MPa）			f_{cu}（MPa）	f_c（MPa）	f_t（MPa）	E_c（$\times10^4$MPa）
			1	2	3				
1	2012.10.24	2012.11.27	28.51	28.31	28.58	28.47	22.77	2.42	2.98
2	2012.10.24	2012.11.27	28.51	28.31	28.58	28.47	22.77	2.42	2.98
3	2012.10.25	2012.11.27	28.98	28.71	28.82	28.84	23.07	2.44	2.99
4	2012.10.25	2012.11.27	28.98	28.71	28.82	28.84	23.07	2.44	2.99

注：f_{cu} 为标准立方体（150mm×150mm×150mm）强度；f_c 为轴心抗压强度，$f_c=0.8\times f_{cu}$；f_t 为轴心抗拉强度，$f_t=0.26\times f_{cu}^{2/3}$；$E_c$ 为混凝土的弹性模量，$E_c=10^5/(2.2+33/f_{cu})$。

4.2.4 试验加载装置及测点布置

1. 加载方案

根据试验目的本试验的加载方案同可行性小跨度抗剪试验一样采用跨中单点静力加载的加载方式，两端支座简支，其他也同 4.1 节小跨度抗剪试验。加载装置如图 4-11 所示。

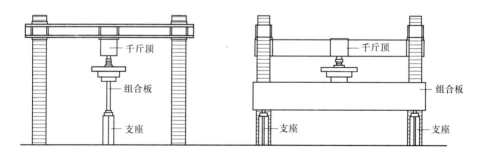

图 4-11 试验加载装置示意图

2. 测点布置

本试验测量内容包括截面的应变、跨中及附近 350mm 位置处的挠度、支座的横向和侧向位移。数据采集由 TDS530 静态应变仪自动完成。试件的测点布置和编号如图 4-12 所示，图中 H_i 表示位移计，S_i 表示钢板上应变片和应变花，C_i 表示混凝土板上应变片。其中无钢板混凝土板在两侧相对位置布置应变片。

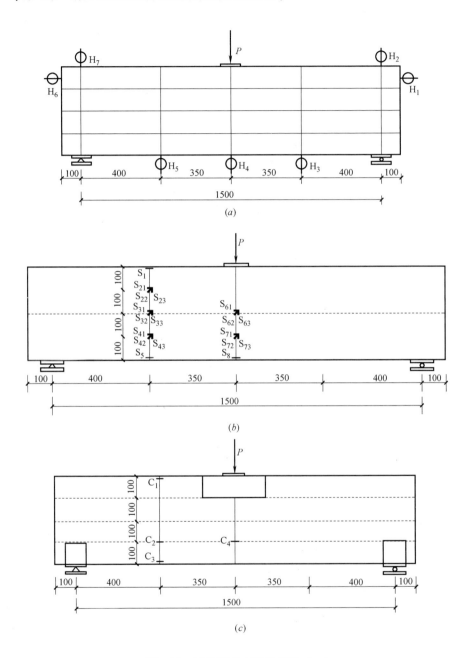

图 4-12 试件测点布置及编号（一）

（*a*）SCS-2、SCS-3、SCS-4 位移计布置图；（*b*）SCS-2、SCS-3、SCS-4 钢板应变片布置图；

（*c*）SCS-2、SCS-3、SCS-4 混凝土板应变片布置图

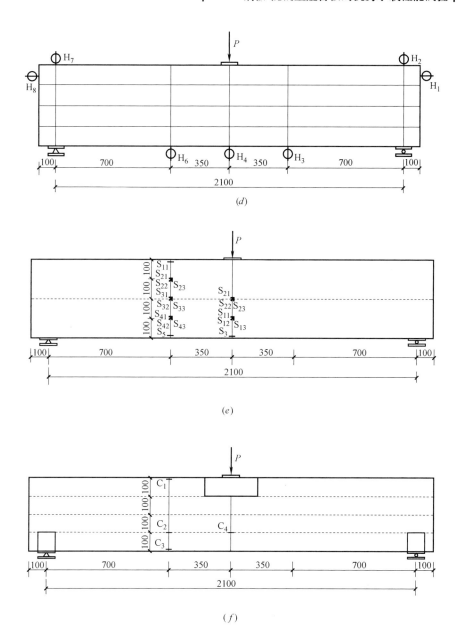

图 4-12 试件测点布置及编号（二）

（*d*）SCS-1 位移计布置图；（*e*）SCS-1 钢板应变片布置图；

（*f*）SCS-1 混凝土板应变片布置图

4.2.5 抗剪试验现象及结果

1. 试验现象及破坏形态

在试件抗剪试验过程中，当剪力达到 $0.4P_u$ 左右时，首先在跨中出现竖向裂缝，随着荷载的增加，跨中竖向裂缝变宽变长；当剪力达到 $0.85P_u$ 左右时，混凝土侧面出现斜向剪切裂缝，钢板侧面同时出现局部屈曲。裂缝分布如图 4-13 所示，图中数据表示裂缝出现时的剪力（单位为 kN）。由于剪跨比和栓钉间距的不同，试件表现出不同的破坏形态，如图 4-14 所示。

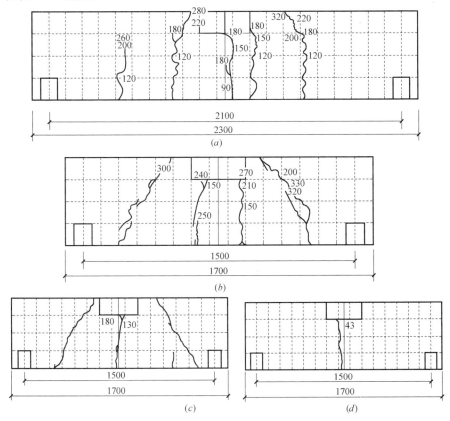

图 4-13 试件裂缝分布图

(a) SCS-1 裂缝分布图 ($\lambda=2.63$)；(b) SCS-2 裂缝分布图 ($\lambda=1.88$)；

(c) SCS-3 裂缝分布图 ($\lambda=1.88$)；(d) SCS-4 裂缝分布图 ($\lambda=1.88$)

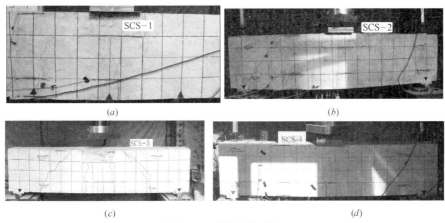

图 4-14　试件破坏形态

(a) SCS-1 (λ=2.63 弯曲破坏)；(b) SCS-2 (λ=1.88 斜拉破坏)；
(c) SCS-3 (λ=1.88 斜拉破坏)；(d) SCS-4 (λ=1.88 弯曲破坏)

从 SCS-2 与 SCS-3 破坏后的照片中可以看出，当组合板结构 $\lambda \leqslant 2.0$ 时，破坏形态表现出典型的斜拉破坏，整个破坏过程急速而突然，破坏荷载与出现斜裂缝时的荷载相当接近。而从两块试件的变化参数可知，栓钉间距越小、斜截面的裂缝开展越突然，脆性越明显。SCS-1 与 SCS-4 试件均呈现弯曲破坏形态，对于 SCS-1 试件由于剪跨比的增大使破坏形式发生了变化，而 SCS-4 试件的破坏是受弯构件正截面的少筋破坏。因此，钢板-混凝土组合板的破坏形态不仅与栓钉间距有关，而且与组合板的剪跨比有关。

2. 截面应变分析

钢板-混凝土组合板截面纵向应变分布如图 4-15 所示，其中图 4-15 (a)～(c) 为钢板侧面的应变分布，横坐标 ε 为钢板截面的纵向应变，纵坐标 y 为沿钢板截面的高度；图 4-15 (d)～(f) 为混凝土板侧面的应变分布，横坐标 ε 为混凝土板截面的纵向应变，纵坐标 y 为沿混凝土板截面的高度。从图 4-15 可以看出，截面应变分布基本上符合平截面假定。混凝土开裂前，混凝土截面应变分布基本上符合平截面假定；开裂后，随着裂纹的向上延伸，底部的混凝土逐渐退出工作，混凝土受压区高度逐渐减小。

3. 荷载-位移曲线

3 块组合板和 1 块无钢板混凝土板的荷载-位移曲线如图 4-16 所示，其中横坐标为跨中挠度 δ，纵坐标为构件荷载值。从荷载-位移曲线中可以看出，

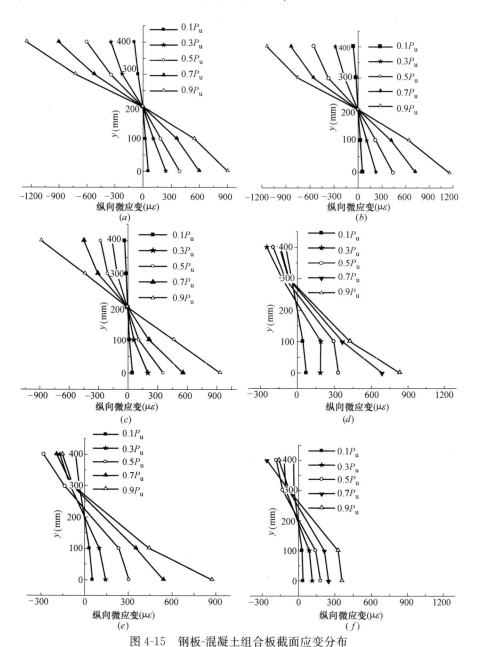

图 4-15　钢板-混凝土组合板截面应变分布

（a）SCS-1 钢板侧面应变分布；（b）SCS-2 钢板侧面应变分布；（c）SCS-3 钢板侧面应变分布；
（d）SCS-1 混凝土板侧面应变分布；（e）SCS-2 混凝土板侧面应变分布；
（f）SCS-3 混凝土板侧面应变分布

钢板-混凝土组合板的受力过程大致可以分为三个阶段。

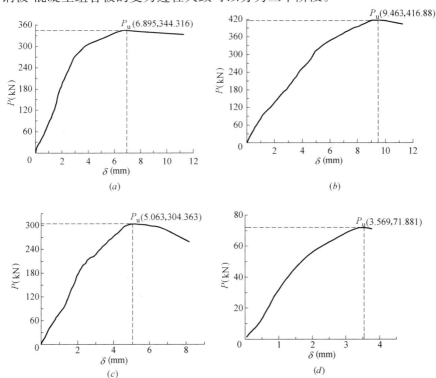

图 4-16 试件荷载-位移曲线

（a）SCS-1；（b）SCS-2；（c）SCS-3；（d）SCS-4

（1）弹性阶段

组合板从开始加载到弹性抗剪承载力阶段为弹性阶段，在此阶段当中，试件的各部分都处于弹性状态，钢板-混凝土组合板各试件的剪力与跨中挠度基本成直线关系；无钢板混凝土板在此阶段也呈现出线性状态。

（2）弹塑性阶段

当混凝土板出现裂缝以后，试件的刚度有所降低，挠度发展变快，组合板的荷载-位移曲线呈现明显的非线性。在跨中混凝土板的一侧出现竖向裂缝，随着荷载的增加裂缝逐渐变宽。

（3）塑性阶段

当荷载继续增大到一定承载力时，钢板-混凝土组合板中的混凝土板部分出现斜向裂缝。这时钢板-混凝土组合板的承载力达到最大，混凝土板侧面发生剪切破坏。由于剪跨比和栓钉间距的不同，4块试件在塑性阶段出现不同的形式，当剪跨比为 2.63（SCS-1）时，塑性阶段比较平缓；当栓钉间距增大时，塑性阶段斜率变大；从 4 块试件的整个加载阶段来看，组合板表现出良好的延性。

4.2.6　构件承载力分析

1. 钢板应变分析

本试验在组合板钢板的侧面部位贴有应变片和应变花。当材料处于弹性状态时，根据材料力学的方法可以导出两个主应力 σ_1、σ_2 以及垂直剪应力 τ_{xy}，由如下公式求得。

$$\sigma_{1,2}=\frac{E}{2}\left\{\frac{\varepsilon_1+\varepsilon_3}{1-\upsilon}\pm\frac{1}{1-\upsilon}\sqrt{2\left[(\varepsilon_1-\varepsilon_2)^2+(\varepsilon_2-\varepsilon_3)^2\right]}\right\} \tag{4-2}$$

$$\tau_{xy}=\frac{E}{2(1+\upsilon)}(\varepsilon_1+\varepsilon_2-2\varepsilon_3) \tag{4-3}$$

根据 Von Mises 屈服条件，当材料的折算应力 σ_n 不大于材料的屈服强度 f_w 时，材料处于弹性阶段。

$$\sigma_n=\sqrt{\frac{1}{2}\left[(\sigma_1-\sigma_2)^2+\sigma_1^2+\sigma_2^2\right]} \tag{4-4}$$

当材料的折算应力 σ_n 大于材料的屈服强度时，材料进入屈服。根据塑性力学中的增量理论[112]，当材料处于塑性状态时，两个主应力和剪应力的求解公式由如下公式求得。

$$\sigma_1'=\frac{2\beta+1}{\sqrt{3(\beta^2+\beta+1)}}f_w \tag{4-5}$$

$$\sigma_2'=\frac{\beta+2}{\sqrt{3(\beta^2+\beta+1)}}f_w \tag{4-6}$$

$$\tau_{xy}'=\frac{1}{2}(\sigma_1-\sigma_2)\sin(2\alpha_0) \tag{4-7}$$

式中　β——两个主应变增量之比，$\beta=\dfrac{\Delta\varepsilon_1}{\Delta\varepsilon_2}$ 为一常数；

α_0——主应力与水平轴的夹角，$\alpha_0=\dfrac{1}{2}\arctan\left(-\dfrac{\gamma_{xy}}{\varepsilon_1-\varepsilon_3}\right)$。

2. 承载力对比分析

试验中钢板-混凝土组合板各构件的试验荷载值列于表 4-6 中，表中 P_j 为极限荷载实测值，P_{jc} 为混凝土承担的极限承载力，P_{js} 为钢板承担的极限承载力，V_c 为依据混凝土规范计算出的混凝土极限承载力，V_s 为依据钢结构规范计算出的钢板抗剪承载力，P_f 表示 ABAQUS 数值计算的抗剪承载力，分析时采用通用有限元软件默认的混凝土固定裂缝模型。

试验荷载值　　　　　　　　　　　表 4-6

试件编号	λ	P_j (kN)	P_{jc} (kN)	P_{js} (kN)	P_{jc}/P_j	V_c (kN)	P_{jc}/V_c	P_f (kN)	P_f/P_j
SCS-1	2.63	344.3	155.3	189.0	0.45	87.7	1.77	398.4	1.157
SCS-2	1.88	416.9	195.0	221.9	0.47	87.7	2.22	456.6	1.095
SCS-3	1.88	304.4	111.7	192.7	0.37	87.7	1.27	350.8	1.152
SCS-4	1.88	71.9	71.9	0	1.0	87.7	—	100.8	1.402

从表 4-6 可以看出：

（1）混凝土承担的剪力约为 37%～47%，而钢板承担了 50% 以上的抗剪承载力。对比 SCS-1 和 SCS-2 可知：随着构件剪跨比的增大，构件的极限抗剪承载力减小。对比 SCS-2 和 SCS-3 可知：随着栓钉间距的增大，构件的极限抗剪承载力减小。将 SCS-4 和 SCS-1～SCS-3 进行对比，可以看出：钢板能有效提高组合板试件的极限抗剪承载力，组合板极限承载力比无钢板混凝土承载力提高 3 倍以上确定的，组合板中混凝土实际承担的剪力是按照混凝土结构设计规范（GB 50010-2010）计算值的 1.27～2.22 倍，且栓钉间距越小混凝土承载力提高越多。无钢板混凝土试件发生的承载力较低的受弯破坏，由于增加了钢板，组合板的破坏形态则为受剪破坏。

（2）将 ABAQUS 固定裂缝模型分析结果与试验结果进行对比，结果表明：直接采用 ABAQUS 默认的混凝土固定裂缝模型，所得的抗剪承载力均偏大于试验所测结果，模拟误差分别是：15.7%，9.5%，15.3%，40.2%，无钢板混凝土板 SCS-4 误差最大。产生较大误差的原因在于 ABAQUS 软件默认的是固定裂缝模型，固定裂缝是指当首条裂缝出现后，随荷载增大其他裂缝开裂方向与首条一致，也就是说裂缝表面的剪应力呈一直增大的趋势导致剪切锁死。实际上，裂缝的方向角随荷载的增大会发生变化，裂缝表面的剪应力会出现不变甚至减小的状况。固定裂缝模型无法模拟实际情况下混凝土的剪切软化问题，因此分析出的抗剪承载力偏大，需要借助转动裂缝模型进行分析，它能很好反应方向角的变化，随裂缝方向的不同，刚度矩阵随时发生变化，能准确模拟裂缝表面剪切应力。在常用有限元软件 ANSYS、ABAQUS、MARC 中，混凝土裂缝模型均默认为固定裂缝模型，因此有必要进行材料二次开发，将转动裂缝模型应用到混凝土抗剪分析当中。

4.3　基于修正压力场理论的钢板-混凝土组合板抗剪承载性能的数值仿真分析

　　4.1 节小跨度的试验结果与有限元分析的差异表明有限元软件默认的混凝土裂缝模型是固定裂缝模型，由于剪力锁死问题，用固定裂缝模型分析混凝土受剪构件得到的结果比试验结果偏大，明确了开展基于转动裂缝模型的混凝土剪切理论研究是下一步的主要工作。在通用有限元程序 ANSYS、ABAQUS、MARC 中，固定裂缝模型均是混凝土分析中默认的模型。固定裂缝模型由于裂缝表面的剪应力呈一直增大的趋势而导致抗剪承载力的计算值偏大。而对于转动裂缝模型，随着开裂方向的变化刚度矩阵跟着变化，裂缝表面的剪应力产生不变或下降的趋势，这与实际情况比较接近。近些年，在分析混凝土受剪构件时，国内外许多学者选择在通用有限元软件上进行二次开发[55,56]，发现转动裂缝模型比固定裂缝模型更合理、更准确。但要进行混凝土抗剪性能的准确研究，如何选择非线性有限元分析工具成为一个重要问题，鉴于二次开发和抗剪承载力的收敛性，本节将通过 ABAQUS 的二次开发建立钢板-混凝土组合板抗剪分析模型，并用已有的试验数据验证模型的准确性。

　　ABAQUS 提供了一个开放性的二次开发平台，本节利用 UMAT 子程序接口，定义一种材料属性，这种材料模型在 ABAQUS 标准材料库中还没有。ABAQUS 中默认的是混凝土固定裂缝模型，要运用转动裂缝模型需要通过用户子程序接口进行二次开发。二次开发主要是选择有限元软件中所需要的子程序，在子程序的接口程序上编写能够实现用户目标且能运行的程序代码，当编写的程序无误时被主程序开始进行调用，最终解决用户的问题。ABAQUS 有限元软件中的求解器有两种：Standard 和 Explicit，本节主要采用 Standard 的子程序 UMAT，当主程序传入状态变量和应变增量时，根据这些应变变量求解应力增量，其中最主要的过程就是 Jacobian 矩阵的求解，利用返回 Jacobian 矩阵给主程序来形成构件整体刚度矩阵。并且把已有的状态变量暂存起来进行下一增量步的求解，具体过程如图 4-17 所示。

4.3.1　修正压力场理论

　　1974 年，Collins 等提出压力场理论，他们认为混凝土出现裂缝以后

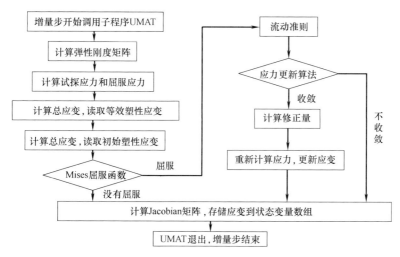

图 4-17 UMAT 流程图

将不再承担拉应力。而事实上，开裂后的混凝土与钢筋还存在粘结作用，在裂缝表面混凝土还具有拉应力，这种拉应力的存在对整个构件的承载力有一定的影响。而后，Vecchio 和 Collins 在压力场理论的基础上进行修正，引入开裂后钢筋混凝土的平均拉应力的本构关系。修正压力场理论认为在混凝土出现裂缝以后，裂缝表面仍然存在主拉应力，剪力仍然由混凝土的主拉应力和主压应力共同承担。在修正压力场理论当中，将开裂的混凝土作为一种新材料，具有自身的应力应变关系，并按照图 4-18 平均应力和平均应变建立了平衡条件、变形协调条件和应力应变关系，其中应力莫尔圆圆心横坐标为 $\dfrac{f_1+f_2}{2}$、半径为 $\sqrt{\left(\dfrac{f_x-f_y}{2}\right)^2+v_{xy}^2}$，应变莫尔圆圆

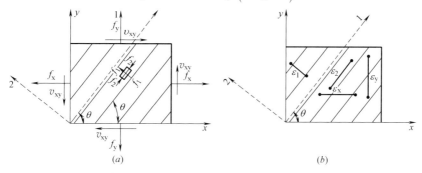

图 4-18 混凝土开裂后应力应变协调（一）

(a) 应力图；(b) 应变图

121

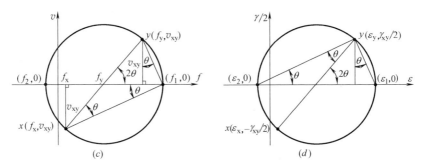

图 4-18　混凝土开裂后应力应变协调（二）

（c）应力莫尔圆　（d）应变莫尔圆

心横坐标为$\dfrac{\varepsilon_1+\varepsilon_2}{2}$、半径为$\sqrt{\left(\dfrac{\varepsilon_x-\varepsilon_y}{2}\right)^2+\left(\dfrac{\gamma_{xy}}{2}\right)^2}$。

（1）平衡条件

$$f_x = f_1 - v_{xy}/\tan\theta \qquad (4\text{-}8)$$

$$f_y = f_1 - v_{xy}\tan\theta \qquad (4\text{-}9)$$

$$v_{xy} = (f_1 + f_2)/(\tan\theta + \cot\theta) \qquad (4\text{-}10)$$

（2）变形协调条件

$$\tan^2\theta = \frac{\varepsilon_x-\varepsilon_2}{\varepsilon_y-\varepsilon_2} = \frac{\varepsilon_x-\varepsilon_1}{\varepsilon_y-\varepsilon_1} \qquad (4\text{-}11)$$

$$\varepsilon_1 = \frac{\varepsilon_x+\varepsilon_y}{2} + \sqrt{\left(\frac{\varepsilon_x-\varepsilon_y}{2}\right)^2+\left(\frac{\gamma_{xy}}{2}\right)^2} \qquad (4\text{-}12)$$

$$\varepsilon_2 = \frac{\varepsilon_x+\varepsilon_y}{2} - \sqrt{\left(\frac{\varepsilon_x-\varepsilon_y}{2}\right)^2+\left(\frac{\gamma_{xy}}{2}\right)^2} \qquad (4\text{-}13)$$

（3）应力-应变关系曲线

混凝土的受压应力-应变关系采用 Vecchio 和 Collins 给出的考虑软化效应的本构关系曲线：

$$f_2 = \frac{f'_c}{0.8+170\varepsilon_1}\left[\frac{2\varepsilon_2}{\varepsilon_0}-\left(\frac{\varepsilon_2}{\varepsilon_0}\right)^2\right] \qquad (4\text{-}14)$$

式中　f'_c——混凝土圆柱体单轴抗压强度；

　　　ε_1——主拉应变；

　　　ε_0——混凝土单轴受压峰值强度对应的压应变，取 $\varepsilon_0=0.002$。

混凝土的受拉应力-应变关系分以下两个阶段：

1）混凝土开裂前，其拉应力与拉应变成线性关系，即认为混凝土开裂前为线弹性材料。

$$f_1 = E_c \varepsilon_1 (\varepsilon_1 \leqslant \varepsilon_{cr}) \tag{4-15}$$

2）混凝土开裂后，Vecchio 和 Collins 等把几个裂缝间隙当成一个整体推导出混凝土的平均拉应力，通过试验计算出含有裂缝的混凝土的平均拉应力与平均拉应变的关系为：

$$f_1 = \frac{f_{cr}}{1 + \sqrt{200\varepsilon_1}} \varepsilon_1 > \varepsilon_{cr} \tag{4-16}$$

式中　f_1——混凝土的平均拉应力；

　　　E_c——混凝土的弹性模量，取值为 $2f'_c / \varepsilon_0$；

　　　ε_{cr}——混凝土的开裂应变；

　　　f_{cr}——开裂应力，$f_{cr} = 0.33f'_c$。

（4）裂缝出现前后应力应变状态分析

在裂缝出现之前，整个构件的应力应变关系是在图 4-19 中的 xy 坐标下建立的，而当裂缝出现以后正方向和坐标系都发生了变化，图 4-19 中的坐标轴由 xy 旋转 θ 变为 12，由此应先求出转换矩阵 $T(\theta)$：

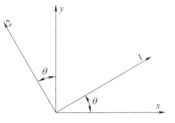

图 4-19　应力应变坐标系变换

$$T(\theta) = \begin{bmatrix} \cos^2\theta & \sin^2\theta & 2\sin\theta\cos\theta \\ \sin^2\theta & \cos^2\theta & -2\sin\theta\cos\theta \\ -\sin\theta\cos\theta & \sin\theta\cos\theta & \cos^2\theta - \sin^2\theta \end{bmatrix} \tag{4-17}$$

应力应变向量关系

由 xy 坐标系建立应力应变向量关系，其中应变向量和应力向量如公式（4-18）、公式（4-19）所示。

$$E_{xy} = \{\varepsilon_x, \varepsilon_y, \varepsilon_y\}^T \tag{4-18}$$

$$S_{xy} = \{f_x, f_y, v_{xy}\}^T \tag{4-19}$$

当坐标轴变为 12 时，应变向量和应力向量都会发生变化，由于已经得到转换矩阵，通过转换矩阵可得到新的应变向量和应力向量，如下式所示：

$$E_{12} = T(\theta) \cdot E_{xy} \tag{4-20}$$

$$S_{12} = T(\theta) \cdot S_{xy} \tag{4-21}$$

4.3.2　有限元模型的建立

钢板-混凝土组合板包含：钢板、混凝土板以及栓钉三部分，如图 4-20 所示，本节就采用如下这种单元类型来模拟钢板-混凝土组合板。

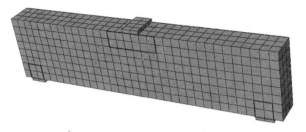

图 4-20　组合板有限元模型

1. 单元类型

（1）壳单元

当模拟构件厚度方向的尺寸远远小于另外几个尺寸，并且垂直方向上的应力可以忽略不计时，这样的构件在模拟当中一般采用壳单元。三维壳单元是应用比较广泛的单元类型，并且在每一个结点处都有 6 个自由度（3 个平动自由度和 3 个转动自由度）。在本节中钢板模拟的尺寸参数和性能跟壳单元的使用范围相一致，所以采用壳单元 S4R 进行模拟，考虑横向剪切变形。

（2）梁单元

梁单元是软件当中使用比较多的一种单元，它一般用来模拟长度尺寸远大于另外二维尺寸的构件。梁单元库中有二维和三维的线性、二次及三次梁单元。而线性和二次梁单元是允许剪切变形，并考虑了有限轴向应变的。对于组合板中混凝土部分采用矩形梁截面单元 B32 进行描述，并在梁截面上设置 25 个积分点，如图 4-21 所示。在每一个积分点上赋予修正压力场理论，综合各个积分点的结果计算整个单元的反应。

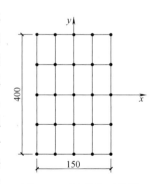

图 4-21　矩形截面默认积分点设置

（3）弹簧单元

弹簧单元一般情况下是模拟两者滑移的一种单元，本节研究的钢板-混凝土组合板在承受剪力时由于混凝土板和钢板两者刚度的差异，需要有抗剪连接件的连接，通过这种连接件可以充分分配抗剪，提高整体承载力。本节在有限元研究中对栓钉的模拟采用非线性弹簧单元，这种非线性弹簧单元用来模拟栓钉时考虑了相对滑移。

2. 材料

（1）钢板

钢板选取 Q235 型，钢板本构关系采用二折线形式的弹性-强化模型（双线性模型，见图 4-22 图是理想弹塑性，这里是双线性强化，不一样。）。钢材的屈服强度和弹性模量根据材性试验结果取值。受拉与受压的弹性模量相同，$E_s = 1.94 \times 10^5$ MPa，泊松比 $\nu = 0.3$。

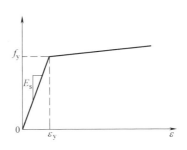

图 4-22　钢板本构关系

钢板受压应力应变关系的平均主压应力 f_{ss1} 为：

$$f_{ss1} = E_{ss} \cdot \varepsilon_1 \leqslant f_{yss1} \tag{4-22}$$

钢板受压应力应变关系的平均主压应力 f_{ss2} 为：

$$f_{ss2} = E_{ss} \cdot \varepsilon_2 \leqslant f_{yss2} \tag{4-23}$$

（2）混凝土板

混凝土板采用修正压力场理论，把开裂后的混凝土板当成一种新材料进行有限元分析。MCFT 将钢筋与裂缝均弥散到材料中，模型中并不存在裂缝。而研究当中采用的 MCFT 模型需要进行修正，取消裂缝检查。混凝土板受压本构关系采用 MCFT，而受拉本构由于取消裂缝检查进行系数修正，混凝土板受拉应力-应变关系如下：

$$\begin{cases} f_{c1} = E_c \varepsilon_1 \text{（当 } \varepsilon_1 \leqslant \varepsilon_{cr} \text{时）} \\ f_{c1} = \dfrac{f_{cr}}{1 + \sqrt{200\varepsilon_1}} \text{（当 } \varepsilon_1 > \varepsilon_{cr} \text{时）} \end{cases} \tag{4-24}$$

3. 栓钉的作用

栓钉是钢板和混凝土板之间的连接单元，在用 ABAQUS 建模时考虑到钢板和混凝土板的相对滑移，本节用非线性弹簧单元模拟栓钉的作用。1971 年 Ollgaard[14] 提出一种滑移曲线，这种曲线关系可以反映栓钉在作用时的实际效应，对于这种有滑移效应的栓钉其极限承载力公式如式（4-25）所示，剪力滑移公式如式（4-26）所示。

$$V_u = 0.43A_s \sqrt{E_c f_c} \leqslant 0.7A_s f_u \tag{4-25}$$

$$V = V_u (1 - e^{-ns})^m \tag{4-26}$$

式中　V——栓钉的剪力；

f_u——栓钉的极限抗拉强度，由《电弧螺柱焊用圆柱头焊钉》

GB/T 10433—2002 可知；

E_c——混凝土的弹性模量；

f_c——混凝土的抗压强度；

V_u——栓钉的极限抗剪承载力；

s——滑移量；

m、n——与剪力有关的参数，本文参考文献[57]选取 $m=0.558$、$n=1$。

4. 边界条件和加载方式

本节所研究的钢板-混凝土组合板为两端简支构件，为了防止构件加载期间发生侧向倾斜，故在构件侧面结点上进行侧面的约束，组合板边界条件如图 4-23 所示。考虑到位移控制构件更容易收敛，因此采用位移控制加载。

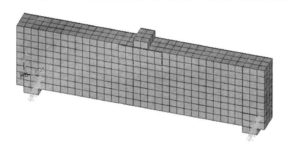

图 4-23　有限元模型边界条件

4.3.3　UMAT 子程序开发

材料模型就是描述材料应力应变（增量）关系的数学公式，本节就是对材料模型的开发和使用。编写时需要注意软件本身需要的编写环境和其中的注意事项，对于材料应力应变关系需要通过自己编写的程序代码运行到软件程序当中。本节采用的混凝土材料本构是修正压力场理论，需要通过 UMAT 子程序将这种理论应用到混凝土抗剪模型当中，其中最主要的两步就是 UMAT 的开发和调用。

1. UMAT 子程序开发环境

由于 UMAT 子程序在编写时采用的是 Fortran 语言，而要准确无误地运行 UMAT 子程序就需要安装 Fortran 软件，同时还需要 ABAQUS 的支持。本节采用的 ABAQUS 版本为 6.101，并采用 Intel Fortran9.0，Intel Fortran 安装时又需要安装 Microsoft Visual Studio 的相应版本，经过比较，本节选用 ABAQUS6.101＋Intel Fortran9.0＋Microsoft VisualC＋＋2005。

2. UMAT 二次开发

UMAT 是 ABAQUS 软件用于显示二次开发用户材料子程序的简称，它是指根据用户子程序的编写规定进行用户自己的材料属性的编写，定义出 ABAQUS 软件材料库当中没有的材料属性。要对 UMAT 进行二次开发，首先要对 UMAT 有详细地了解：确定好研究对象，制定好研究线路，达到研究目的。UMAT 是用户材料子程序，是 ABAQUS 提供给用户自定义材料属性的 Fortran 程序接口；真正定义材料的力学行为即属性是通过用户自己编译的 Fortran 程序来实现的，UMAT 通过与 ABAQUS 主求解程序的接口实现与 ABAQUS 的数据交流。首先来认识一下 UMAT 子程序的应用功能：

（1）它可以定义材料的本构关系，使用 ABAQUS 材料库中没有包含的材料进行计算，扩充程序功能。

（2）它也可以用于力学行为分析的任何分析过程，可以把用户材料属性赋予 ABAQUS 中的任何单元。

3. 编写注意事项

UMAT 子程序采用 Fortran 语言编制，首先安装 Fortran 程序，在此环境下进行编写。编写内容主要由以下几个部分组成：子程序定义语句、ABAQUS 定义的参数说明、用户定义的局部变量说明、用户编制的程序主体、子程序返回和结束语句。在编写时由于考虑到软件与主程序之间的数据传递，其中一些变量需要遵循 UMAT 编写时的规定，通常编写格式为：

```
SUBROUTINE UMAT(STRESS ,STATEV,DDSDDE,SSE,SPD,SCD,
1 RPL,DDSDDT,DRPLDE,DRPLDT,
2 STRAN,DSTRAN,TIME,DTIME,TEMP,DTEMP,PREDEF,DPRED,CMNAME,
3 NDI,NSHR,NTENS,NSTATV ,PROPS,NPROPS,COORDS,DROT,PNEWDT,
4 CELENT,DFGRD0,DFGRD1,NOEL,NPT,LAYER,KSPT,KSTEP,KINC)
INCLUDE 'ABA_PARAMINC'
CHARACTER * 80 CMNAME
DIMENSION STRESS(NTENS),STATEV(NSTATV),
1 DDSDDE(NTENS,NTENS),DDSDDT(NTENS),DRPLDE(NTENS),
2 STRAN(NTENS),DSTRAN(NTENS),TIME(2),PREDEF(1),DPRED(1),
3 PROPS(NPROPS),COORDS(3),DROT(3,3),DFGRD0(3,3),DFGRD1(3,3)
user coding to define DDSDDE,STRESS,STATEV,SSE,SPD,SCD
and if necessary,RPL,DDSDDT,DRPLDE,DRPLDT,PNEWDT
RETURN
END
```

"User coding to define"部分是用来编写子程序的，这一部分是开发者必须注意和进行的事项。当编写内容结束时，需要注意把编写好的子程序放在同一个以".for"为扩展名的文件中，这样才有利于子程序的调用。UMAT 应与用户子程序"USDFLD"联合使用，通过"USDFLD"重新定义单元每一物质点上传递到 UMAT 中的场变量的数值。

4. 推导刚度矩阵

前面已对修正压力场理论应力应变关系做了详细的介绍，而在进行二次开发时，最关键的就是要提供材料本构模型的刚度矩阵。由于混凝土板在裂缝出现前后坐标轴和正方向的不同导致雅克比矩阵的不同，当 $\varepsilon_1 \leqslant \varepsilon_{cr}$ 时，混凝土板单轴拉应力取未开裂之前的，剪切模量采用 Zhu 等[58]建议的公式 $G = \dfrac{f_{c1} - f_{c2}}{2 \; (\varepsilon_1 - \varepsilon_2)}$，得到 D_c 如公式（4-27）所示；当 $\varepsilon_1 > \varepsilon_{cr}$ 时，混凝土板单轴拉应力取开裂之后的，其他参数未发生变化，由于坐标变换，可得到裂缝出现之后的刚度矩阵 D'_c，如公式（4-28）所示。

$$D_c = \frac{\partial \{\sigma\}}{\partial \{\varepsilon\}} = \begin{Bmatrix} \dfrac{\partial f_1}{\partial \varepsilon_1} & \dfrac{\partial f_1}{\partial \varepsilon_2} & \dfrac{\partial f_1}{\partial (\gamma_{12}/2)} \\ \dfrac{\partial f_2}{\partial \varepsilon_1} & \dfrac{\partial_2}{\partial \varepsilon_2} & \dfrac{\partial f_2}{\partial (\gamma_{12}/2)} \\ \dfrac{\partial v_{12}}{\partial \varepsilon_1} & \dfrac{\partial v_{12}}{\partial \varepsilon_2} & \dfrac{\partial v_{12}}{\partial (\gamma_{12}/2)} \end{Bmatrix} \tag{4-27}$$

$$D'_c = \frac{\partial \sigma_{xy}}{\partial \varepsilon_{xy}} = \frac{\partial \sigma_{xy}}{\partial \sigma_{12}} \cdot \frac{\partial \sigma_{12}}{\partial \varepsilon_{12}} \cdot \frac{\partial \varepsilon_{12}}{\partial \varepsilon_{xy}} = T(-\theta) D_c T(\theta) \tag{4-28}$$

具体的编写过程如图 4-24 所示。

5. UMAT 调用

当子程序开发结束以后，怎么运用到主程序当中，这也是二次开发当中重要的一个环节。子程序要在主程序当中得以运用，需要了解主程序和子程序的关系，了解它们是如何进行数据交流和传递的，在图 4-25 当中，介绍了主程序与 UMAT 的调用关系。当增量步开始时，单元的积分点也开始调用 UMAT 子程序，子程序的接口与主程序相连接，主程序通过 UMAT 进入到子程序当中。同时在应力张量矩阵中，所得的数值通过子程序接口传递到 UMAT 中。单元当前积分点必要变量的初始值将随之传递给 UMAT 的相应变量。在 UMAT 结束时，变量的更新值将通过接口返回主程序。

编程是否合理，能否正确分析所研究的组合板模型，是通过在调试中

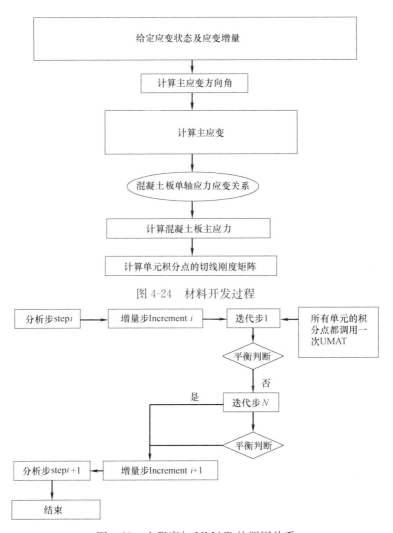

图 4-24 材料开发过程

图 4-25 主程序与 UMAT 的调用关系

发现的。在编写 UMAT 子程序的时候，通常是将写好的子程序直接在 ABAQUS 内提交，这种方法可能会导致编写错误或运行中断的结果发生，对于程序的调用而言，这种方法不太好，这样做出错的概率会增大，一旦出错很难发现是什么原因导致的出错。在这种情况下就需要采取一种更好的调试手段进行结果验证。

对于运行带有用户子程序的算例同时有两种方法可供选择：一种是在 CAE 中操作，在 EDIT JOB 菜单中的 GENERAL 子菜单的 USER SUB-

ROUTINE FILE 对话框中选择用户子程序所在的文件即可；另一种是在 ABAQUS. COMMAND 中运行，语法如下：

abaqus job＝job-name user＝{source-file ｜ object-file}

4.3.4　有限元与试验结果的对比验证

1. 钢板-混凝土组合板的荷载-位移曲线对比

开发完成了混凝土基于修正压力场本构模型的 UMAT 子程序，经编译调试后对钢板-混凝土组合板的抗剪模型进行有限元分析，ABAQUS 固定裂缝模型（FCM）结果与 ABAQUS 子程序开发的转动裂缝模型（RCM）结果以及试验结果三者的对比见表 4-7，其中 P_j 为抗剪试验的承载力，P' 为 RCM 的极限抗剪承载力，P'' 为 FCM 的抗剪承载力。从表中的对比结果可以看出，RCM 分析得到的极限抗剪承载力与试验所测承载力吻合较好，而 FCM 结果与试验结果有些差距，验证了本节建立的钢板-混凝土组合板抗剪模型所选单元和材料属性的正确性、合理性。图4-26为钢板-混凝土组合板试验结果（即 Test 粗线）与 FCM 模拟结果和

有限元与试验结果对比图　　　　　　　　　　　　　表 4-7

试件编号	λ	P_j(kN)	P'(kN)	P''(kN)	P'/P_j	P''/P_j
SCS-1	2.63	344.32	336.55	374.43	0.98	1.09
SCS-2	1.88	416.88	408.57	456.58	0.98	1.10
SCS-3	1.88	304.36	299.43	350.77	0.98	1.15
SCS-4	1.88	71.88	67.189	100.78	0.93	1.40

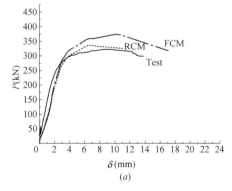

图 4-26　试验与有限元荷载-位移曲线对比（一）

(a) SCS-1

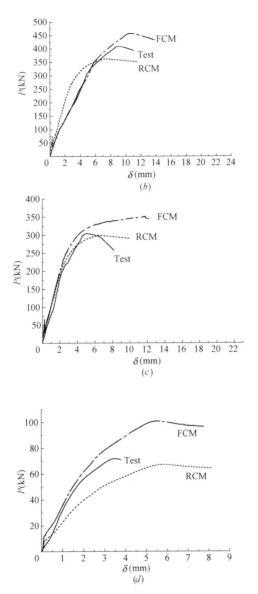

图 4-26 试验与有限元荷载-位移曲线对比（二）
（b）SCS-2；（c）SCS-3；（d）SCS-4

RCM 模拟结果的对比。通过对比发现，RCM 模拟结果比 FCM 模拟结果更接近试验结果，说明 ABAQUS 二次子程序开发的 RCM 能很好地对钢板-混凝土组合板进行抗剪分析。

2. 破坏形态对比

为了进一步验证本节采取的有限元剪切模型，对组合板的破坏形态进行对比，如图 4-27 所示。图中有限元计算结果中显示的为混凝土板的第一主应变。从图中可以看出，有限元模拟的混凝土板破坏的区域和方向与试验的裂缝分布比较相近，这也说明了有限元所选用的单元和材料属性很好地分析钢板-混凝土组合板的抗剪承载性能。

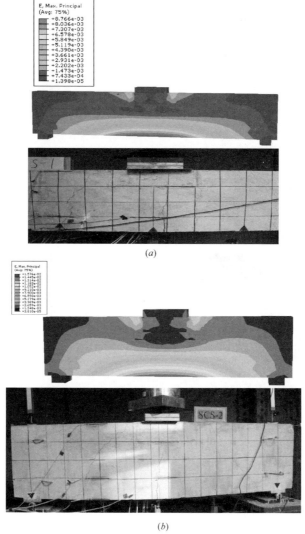

(a)

(b)

图 4-27   有限元与试验裂缝分布对比（一）
(a) SCS-1 弯曲破坏；(b) SCS-2 斜拉破坏

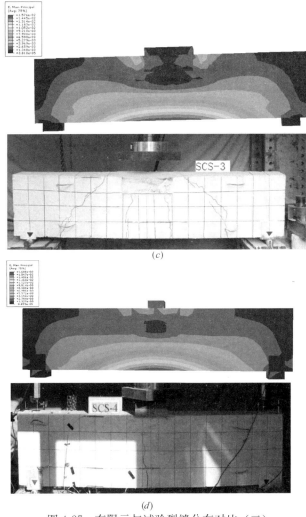

图 4-27　有限元与试验裂缝分布对比（二）

（*c*）SCS-3 斜拉破坏；（*d*）SCS-4 弯曲破坏

4.4　简支钢板-混凝土组合板抗剪承载力的参数分析

基于 4.3 节有限元建立的钢板-混凝土组合板抗剪模型，本节利用有限元软件对钢板-混凝土组合板抗剪承载力性能的影响因素进行参数分析。从前面的试验分析中可以看出构件的抗剪承载力与几种参数相关，如剪跨比 λ、钢板厚度 t、钢材屈服强度 f_{ys}、混凝土强度 f'_c、混凝土板厚度 b、截面高度 h_0 等。本节在进行影响因素分析时暂不考虑钢材屈服强度 f_{ys} 和混凝土强度 f'_c（它们是材料本身的性能）的影响。最后基于普通混凝土梁抗剪承载力计算公式，拟合出钢板-混凝土组合板抗剪承载力的计算公式。

4.4.1　抗剪承载力影响因素分析

1. 剪跨比 λ 的影响

剪跨比 λ 不仅受剪跨段长度 a 的影响，同时也受截面高度 h 的影响。考虑到剪跨比对钢板-混凝土组合板抗剪承载力的影响，利用第3章已经确定的有限元模型，对钢板-混凝土组合板在不同剪跨比 λ 作用下的抗剪承载力进行分析。而要改变构件的剪跨比就涉及两个参数的改变：剪跨段长度和截面高度，首先考虑剪跨段长度的影响。分析中钢板采用 Q235 钢材；栓钉直径为 13mm、间距 150mm；混凝土板采用强度等级为 C30 的混凝土，厚度和高度分别取 150mm 和 400mm。构件的跨度发生改变分别取 1400mm、1600mm、1800mm、2000mm、2200mm，通过改变构件的剪跨段长度（剪跨段长度等于跨度减去 200 再除以 2）来得到不同的剪跨比，不同剪跨段长度下组合板的极限承载力如图 4-28 所示。

由图 4-28 可见，随着剪跨段长度的增大，构件的极限承载力呈现较为平缓的下降趋势，说明剪跨段长度对构件抗剪承载力影响不大。在抗剪试验中 SCS-1 呈现弯曲破坏的现象，这与本节分析的抗剪不符，所以选择控制在一定的剪跨段长度范围内来观察钢板-混凝土组合板的抗剪性能影响因素。

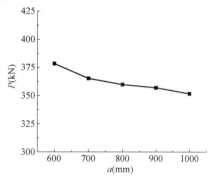

图 4-28　剪跨段长度对组合板
极限承载力的影响

同时也可以通过改变构件的截面高度 h 来实现剪跨比对组合板的影响分析，构件的剪跨段长度不变，截面高度分别取 400mm、450mm、500mm、550mm，通过改变构件的截面高度来得到不同的剪跨比，图 4-28 为不同截面高度下组合板的极限承载力。在对构件高度进行取值时由于考虑到构件稳定方面的问题，本节研究的构件高度控制在 600mm 以内。由图 4-29 可见，随着截面高度的增大，构件的极限承载力呈现出上升趋势，说明截面高度与构件极限承载力成正比关系。

2. 钢板厚度 *t* 的影响

考虑到钢板厚度对钢板-混凝土组合板抗剪承载力的影响，利用第 3 章已经确定的有限元模型，对钢板-混凝土组合板在不同钢板厚度下的抗剪承载力进行分析。分析中钢板采用 Q235 钢材；栓钉直径为 13mm、间距 150mm；混凝土板采用强度等级为 C30 的混凝土，厚度和高度分别取 150mm 和 400mm；构件的剪跨段长度设为定值 1700mm。钢板厚度为 6mm 的构件已经经过验证，接下来对钢板厚度为 8mm、10mm、12mm、14mm 的构件进行分析。通过钢板厚度的改变来分析这一因素对钢板-混凝土组合板抗剪承载力的影响，同时绘出在不同钢板厚度下构件的极限承载力，如图 4-30 所示。

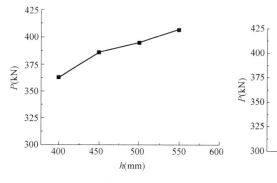

图 4-29 截面高度变化对组合板
极限承载力的影响

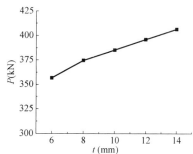

图 4-30 钢板厚度变化对组合板
极限承载力的影响

从图 4-30 可以看出，钢板厚度 *t* 是影响钢板-混凝土组合板抗剪承载力的重要因素之一，随着钢板厚度 *t* 的增加，组合板的极限承载力呈上升的趋势，说明钢板厚度 *t* 与组合板极限承载力成正比关系。分析规范中提到的钢板极限抗剪承载力的计算值发现钢板本身的抗剪承载力是组合板抗剪承载力的重要部分。

3. 混凝土板厚度 *b* 的影响

由上面所提到的组合板的抗剪类似于钢板和混凝土板各自抗剪的组合，可知混凝土板厚度 *b* 是组合板抗剪承载力分析中一个很重要的因素，采用前面所建立的有限元模型进行抗剪分析。构件的参数同 SCS-2 试件，保证其他参数不变，取混凝土板厚度 b 分别为 110mm、120mm、130mm、140mm、150mm，通过 b 的改变得到构件的极限承载力，如图 4-31 所示。从图中可以看出，不同混凝土板厚度 b 产生的极限承载力有很大不同，因此混凝土板厚度 b 也是组合板抗剪承载力的主要影响因素之一。

4. 栓钉的影响

在 4.3 节采用有限元模型的验证过程当中，对试件 SCS-2 和试件 SCS-3 进行了分析，这两块试件的影响参数就是栓钉间距 d。考虑到栓钉的影响，在研究中分别取栓钉间距 d 为 150mm、250mm、450mm 和 500mm，不同栓钉间距下组合板的极限承载力如图 4-32 所示。从图 4-32 中可以看出，栓钉间距的不同导致构件产生的极限承载力不同，这也说明了栓钉的存在对钢板-混凝土组合板的抗剪承载力很重要。在进行有限元分析时，考虑钢板和混凝土板之间的滑移效应，栓钉采用非线性弹簧进行模拟，图 4-33 是有限元模拟的组合板变形图。从图中可以看出，三块试件钢板和混凝土板之间产生的滑移量均较小，且随着栓钉间距的增大滑移量的变化也较小。从以上对栓钉的分析可知，栓钉不仅把钢板和混凝土板连接成一个整体共同工作，而且还能使组合板中的材料充分发挥各自的性能，提高了组合板的承载力，但栓钉间距对整个构件的抗剪承载力影响较小。

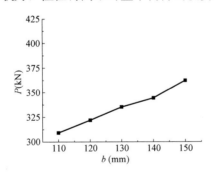
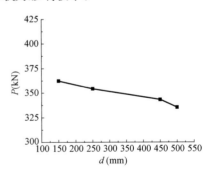

图 4-31　混凝土板厚度变化对组合板　　图 4-32　栓钉间距变化对组合板极
　　　　　极限承载力的影响　　　　　　　　　　限承载力的影响

4.4.2　钢板-混凝土组合板抗剪承载力一般计算公式

1. 计算公式的推导

由以上分析可知，钢板-混凝土组合板抗剪承载力主要受钢板厚度 t、

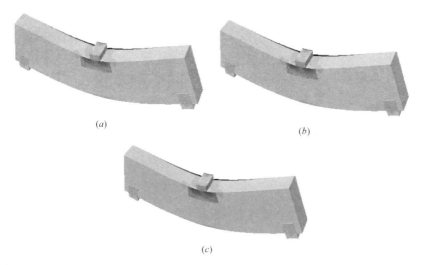

图 4-33　不同栓钉间距下组合板变形图

(*a*) 150mm；(*b*) 250mm；(*c*) 500mm

混凝土板厚度 b 以及构件截面高度 h 三种因素的影响，并且组合板极限承载力与钢板厚度 t 和混凝土板厚度 b 成正比，而与构件截面高度 h 成反比，这也正好与钢板和混凝土板各自的抗剪承载力影响因素相吻合。因此，本节基于普通钢筋混凝土梁的抗剪承载力计算公式，将钢板-混凝土组合板抗剪承载力 V_u 计算形式写成两种材料承载力贡献之和，在各项前面设置待定参数，以考虑上述几种主要因素的影响，公式如下。

$$V_u = m f'_c b h + n f_{sy} t h \qquad (4\text{-}29)$$

式中　b——混凝土板厚度；

　　　h——构件截面高度；

　　　t——钢板厚度；

m、n——混凝土板和钢板抗剪承载力的组合系数，对于组合系数的求解需要通过对计算结果的回归分析来确定。

考虑到钢板与混凝土板的截面高度相等，抗剪公式可由公式（4-29）变为公式（4-30），可见构件的承载力与截面高度成正比关系，接下来组合系数回归当中可以不再考虑截面高度的作用。

$$\frac{V_u}{h} = m f'_c b + n f_{sy} t \qquad (4\text{-}30)$$

（1）组合系数 m

在钢板参数不变的情况下，仅改变混凝土板的参数：通过改变混凝土板厚度 b 来分析其对组合板抗剪承载力产生的影响，进而推算出混凝土板的组合系数。研究中选取 6 组算例，参数如表 4-8 所示，通过力学分析可以得到混凝土板厚度 b 和混凝土强度 f'_c 两者乘积与 V_u/h 之间的关系，如图 4-34 所示，通过进一步的拟合分析，最后可以得到组合系数 $m=0.1956$。

求解组合系数 m 的算例参数　　　　　　　　　　　　　表 4-8

h(mm)	t(mm)	f'_c(MPa)	f_{sy}(MPa)	b(mm)	抗剪承载力(kN)
400	6	20.1	235	150	335.63
				140	321.86
				130	295.65
				120	287.34
				110	273.21
				100	256.39

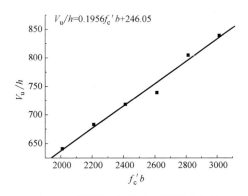

图 4-34　混凝土板组合系数拟合曲线

（2）组合系数 n

仅改变钢板参数，选取典型算例进行计算，根据钢板厚度 t 的改变来计算出钢板的组合系数。研究中同样选取 6 组算例，参数如表 4-9 所示，通过力学分析可以得到钢板强度 f_{sy} 和钢板厚度 t 两者的乘积与 V_u/h 之间的关系，如图 4-35 所示，通过进一步的拟合分析，最后可以得到组合系数 $n=0.1008$。

将 $m=0.1956$、$n=0.1008$ 代入公式（4-29），得钢板-混凝土组合板抗剪承载力一般公式如下：

$$V_u=0.1956f'_c bh+0.1008f_{sy}th \tag{4-31}$$

公式（4-31）的适用范围是：构件截面高度 $h<600\text{mm}$；构件跨度 $L<2300\text{mm}$。

求解组合系数 n 的算例参数　　　　　表 4-9

f'_c(MPa)	b(mm)	h(mm)	f_{sy}(MPa)	t(mm)	抗剪承载力(kN)
20.1	150	400	235	6	335.63
				8	366.83
				10	385.78
				12	396.35
				14	412.68
				16	438.32

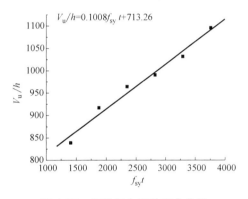

图 4-35　钢板组合系数拟合曲线

2. 计算公式的验证

对于钢板-混凝土组合板抗剪承载力的一般公式考虑到实际工程应用的影响，需要以试验数据为依据来验证该公式的适用性。下文根据试件 SCS-1～SCS-3 的试验数据来校核，计算结果如表 4-10 所示，表中比较了抗剪模型模拟结果与本节得到的抗剪承载力计算公式的计算结果。从这两种结果与试验结果的对比当中可以看出，本节得到的抗剪承载力计算公式的计算结果与试验结果吻合更好，表明本节得出的抗剪承载力计算公式可以作为组合板抗剪计算的一般公式，为以后组合板的设计提供很多方便。

本节公式所得值与试验值对比　　　　　表 4-10

构件编号	b(mm)	t(mm)	P_j(kN)	V_u(kN)	P'(kN)	V_u/P_j	P'/P_j
SCS-1	150	6	344.32	343.61	336.55	1.00	0.98

构件编号	b(mm)	t(mm)	P_j(kN)	V_u(kN)	P'(kN)	V_u/P_j	P'/P_j
SCS-2	165	6	416.88	416.18	408.57	1.00	0.98
SCS-3	150	6	304.36	303.74	299.43	0.98	0.98

4.5　小结

　　本章采用试验研究和数值仿真分析，对钢板-混凝土组合板的组合抗剪性能展开了研究，在试验阶段主要设计了 6 块试件，其中两块是小跨度试件，用于验证侧立组合板抗剪试验的可行性；其后设计的 4 块是一般跨度试件。构件的变化参数主要是剪跨比和栓钉间距，试验主要分析了这两种因素对钢板-混凝土组合板抗剪承载力的影响。而在有限元仿真模拟中，考虑到有限元软件默认的为固定裂缝模型，该模型无法模拟裂缝的剪切软化行为，用于分析混凝土抗剪承载力时无法达到准确性要求。以ABAQUS 软件具有开放的二次接口为背景，采取转动裂缝模型对有限元软件进行材料层面的二次开发，建立钢板-混凝土组合板有限元分析的抗剪模型。主要结论如下：

　　（1）小跨度试验验证了组合板抗剪加载方案可行，最终的破坏形态主要是斜压破坏，试验中混凝土的抗剪承载力实测值为计算值的 2～4 倍，钢板承载的剪力占构件整体剪力的 50% 左右。试验结果与 ANSYS 模拟结果的对比表明固定裂缝模型是无法模拟抗剪混凝土软化问题的。

　　（2）对 3 块钢板-混凝土组合板试件和 1 块无钢板混凝土板试件进行的抗剪承载性能试验研究表明，钢板-混凝土组合板在单点加载情况下可能发生的破坏形态包括：弯曲破坏和斜拉破坏，$\lambda \geqslant 2.63$ 时呈现弯曲破坏。组合板与无钢板混凝土板的极限承载力对比表明，组合板的极限承载力是无钢板混凝土板极限承载力的 3 倍左右。组合板中钢板所承担的剪力约为组合板极限承载力的 50% 以上，且混凝土板承担的剪力比规范中混凝土抗剪计算值提高幅度可以达到 1 倍以上，表明由于钢板的作用，混凝土板的承载力大大提高。

　　（3）修正压力场理论可以较好地描述混凝土的软化行为，由 UMAT子程序对 ABAQUS 进行二次开发，选择合适的钢板和栓钉单元类型和材料属性，并将修正压力场理论应用到钢板-混凝土组合板的抗剪数值模拟当中，建立组合板数值仿真抗剪模型。并将试验结果和有限元抗剪模型模拟结果进行对比，建立了钢板-混凝土组合板抗剪计算的数值模型，数值计算结果与有限元计算结果吻合较好。

（4）采用组合板抗剪数值模型对影响其抗剪承载力的主要因素进行分析表明：影响钢板-混凝土组合板抗剪承载力的主要因素为钢板厚度 t、混凝土板厚度 b 以及构件截面高度 h 等。基于普通混凝土梁抗剪承载力计算公式，通过参数分析拟合出钢板-混凝土组合板抗剪承载力的简化计算公式，试验结果与拟合公式的计算结果吻合较好，可为组合板抗剪承载性能设计方法的研究提供理论依据。

参考文献

[1] 劳埃·扬. 钢-混凝土组合结构设计 [M]. 张培信，译. 上海：同济大学出版社，1991.

[2] 张琦彬，韦灼彬. PBL 键钢板-混凝土组合板抗弯性能试验研究 [C]. 2010 年全国钢结构学术年会论文集. 2010：65-67.

[3] 聂建国，孙彤，温凌燕，刘静. 某会展中心大跨交叉钢-混凝土组合梁系楼盖设计 [J]. 建筑结构学报，2004，25 (6)：123-125.

[4] 聂建国，田春雨，何萌. 混凝土叠合加固技术在桥梁中的应用. 建筑结构，2004，34 (3)：19-20.

[5] 聂建国，刘明，叶列平. 钢-混凝土组合结构 [M]. 北京：中国建筑工业出版社，2005.

[6] 聂建国，田春雨，周建军，等. 钢-混凝土组合结构在某大型烟囱工程中的应用 [J]. 建筑结构学报，2006，36 (8)：80-81.

[7] 聂建国，朱林森，任明星，等. 北京某地下人行通道的加固处理 [J]. 建筑结构学报，2001，31 (9)：56-57.

[8] 樊健生，聂建国，赵洁，等. 组合结构在桥梁加宽工程中的应用 [J]. 哈尔滨工业大学学报，2007，39 (2)：652-654.

[9] 聂建国，赵洁. 钢板-混凝土组合加固钢筋混凝土简支梁试验研究 [J]. 土木工程学报，2008，29 (5)：50-56.

[10] 聂建国，赵洁. 钢板-混凝土组合简支梁的试验研究 [J]. 土木工程学报，2008，41 (12)：29-34.

[11] 赵洁. 钢板-混凝土组合抗弯加固的试验研究与理论分析 [D]. 北京：清华大学，2008.

[12] 聂建国，吴丽丽，樊健生，等. 槽形钢-混凝土组合梁及其应用前景初探 [J]. 土木工程学报，2008，41 (11)：79-85.

[13] 吴丽丽，聂建国，吕坚锋，等. 简支槽形钢-混凝土组合梁的试验研究 [J]. 土木工程学报，2011，44 (3)：40-48.

[14] Clarke J L，Morley C T. Steel-concrete composite plates with flexible shear connectors [J]. Proceeding of the Institution of Civil Engineers，Part 2，1972，53 (12)：557-568.

[15] Koichi Sato. Elastic buckling of incomplete composite plates [J]. Journal of Engineering Mechanics，1990，118 (1)：1-19.

[16] WRIGHT. H. D. Buckling of Plate in Contact with a Rigid Medium [J]. The

structural engineering. 1993. 71（12）：209-215.

[17] WRIGHT. H. D. Local stability of filled and encased steel sectiongs ［J］. Journal of stuctural engineering，1995，121（10）：1382-1388.

[18] UY. B. BRADFORD M A. Local Bucklong of Thin Steel Plates in Composite Construction：Experimental and Theoretical Study ［J］. Proceeding of Institution of Civil Engineering Structure and Bulids，1995，110：426-440.

[19] UY B. strength of concrete filled steel box columns incorporating local buckling ［j］. journal of structure engineering，2000，126（3）：341-352.

[20] LIANG Q Q，UY B，WRIGHT. H. D，et al. Local and Post-Local Buckling of Double Skin Composite Panels ［J］. Proceeding of Institutiong of Civil Engineering Sructural and Builds，2003，156（2）：111-119.

[21] LIANG Q Q，UY B，WRIGHT. H. D，et al. Local Buckling of Steel Plates in Double Skin Composite Panels under Biaxial Compression and Shear ［J］. Journal of Structural Engineering ，2004，130（3）：443-451.

[22] 聂建国，陶慕轩，樊健生，卜凡明，胡红松，马晓伟，李盛勇，刘付钧. 双钢板-混凝土组合剪力墙研究新进展［J］. 建筑结构，2011，41（12）：59-60.

[23] 徐培福，孙建超，黄世敏. 中国国家博物馆改扩建工程结构总体设计［J］. 建筑结构，2011，41（6）：6-13.

[24] 孙建超，王杨，孙慧中，陈莹，杜文博，夏荣茂，陈叶妮. 钢板混凝土组合剪力墙在中国国家博物馆工程中的应用［J］. 建筑结构，2011，41（6）：14-19.

[25] 聂建国，樊健生，广义组合结构的发展展望［J］. 建筑结构学报. 2006，27（6）：1-8.

[26] 聂建国，王寒冰，任明星，陈林，钢-混凝土叠合板组合梁在苇沟桥改造加固中的应用［J］. 建筑结构，2001，31（12）：24-26.

[27] 聂建国，赵洁. 钢板-混凝土组合简支梁的试验研究［J］. 土木工程学报，2008，41（12）：28-34.

[28] 聂建国，赵洁. 钢板-混凝土组合抗弯加固中滑移分布分析［J］. 清华大学学报（自然科学版），2007，47（12）：2086-2094.

[29] 杨勇，刘玉擎，范海丰. FRP-混凝土组合桥面板疲劳性能试验研究［J］. 工程力学. 2011（06）.

[30] 杨勇，祝刚，周丕健，聂建国，谢标云. 钢板-混凝土组合桥面板受力性能与设计方法研究. 土木工程学报，2009，42（12）.

[31] 赵山，吴泽玉，骆栓青. 桥梁加固技术的应用. 山西建筑，2007，33（3）：303-304.

[32] 聂建国，赵洁，唐亮. 钢板-混凝土组合在钢筋混凝土梁加固中的应用. 桥梁建设，2007，（3）：76-79.

［33］ 宋中南. 我国混凝土结构加固修复业技术现状与发展对策［J］. 混凝土，2002，23（10）：10-11.

［34］ 洪树华，陈永秀. 我国混凝土结构加固修复技术概论与发展趋势［J］. 山西建筑，2010，36（6）：128-129.

［35］ 聂建国，吴丽丽，樊健生，吕坚锋. 槽型钢-混凝土组合梁及其应用前景初探［J］. 土木工程学报. 2008，41（11）：78-85.

［36］ 吴丽丽，聂建国，吕坚锋，樊建生. 简支槽型钢-混凝土组合梁的试验研究［J］. 土木工程学报，2011，3（44）：1-10.

［37］ Wu，Lili；Jianguo Nie，Jianfeng Lu，Jiansheng Fan，C. S. Cai（2013）. "A new type of steel-concrete composite channel girder and its preliminary experimental study". *Journal of Constructional Steel Research*，2013，Vol. 85，pp. 163-177. DOI：10. 1016/j. jcsr. 2013. 03. 005.

［38］ 李勇，聂建国，陈宜言，等. 深圳彩虹大桥设计与研究. 土木工程学报，2002，35（10）：52-56.

［39］ Tomlinson M J，Tomlinson A，Chapman M L，Jefferson A D，Wright H D（1990）. "Shell composite construction for shallow draft immersed tube tunnels"，*Proceedings of the Conference of Immersed Tunnel Techniques London*：Thomas Telford Ltd，pp. 209-220.

［40］ Casillas J. ，Siess C. P. ，Khachaturian N. Studies of reinforced concrete beams and slabs reinforced with steel plates，Civil Engineering Studies，Structure Research Series，No. 134，University of Illinois，April 1957.

［41］ K. C. G. Ong，G. C. Mays，A. R. Cusens. Flexural tests of steel-concrete open sandwiches. Magazine of Concrete Research，1982，34（120）：130-138.

［42］ Wright HD，Gallocher SC（1995）. "The behavior of composite walling under construction and service loading". *Journal of Constructional Steel Research*. Vol. 35，No. 3，pp. 57-273. DOI：10. 1016/0143-974X（94）00051-I.

［43］ Wright HD，Hossain K（1997）. "In-plane shear behavior of profiled steel sheeting". *Thin Walled Structures*. Vol. 29，No. 1-4，pp. 79-100. DOI：10. 1016/S0263-8231（97）00016-5.

［44］ Wright HD（1998）. "The axial load behavior of composite walling". *Journal of Constructional Steel Research*. Vol. 45，No. 3，pp. 353-375. DOI：10. 1061/（ASCE）0733-9445（1998）124：7（758）.

［45］ Hossain K，Wright HD（2004）. "Experimental and theoretical behavior of composite walling under in-plane shear". *Journal of Constructional Steel Research*. Vol. 60，No. 1，pp. 59-83. DOI：10. 1016/j. jcsr. 2003. 08. 004.

［46］ Wright HD，Oduyemi TOS，Evans H R. The Experimental Behavier of Double Skin Composite Elements ［J］. Constr. Steel Res，1991（19）：97-110.

［47］ Wright HD，Oduyemi TOS，Evans H R. The Design of Double Skin Composite Elements ［J］. Constr. Steel Res，1991（19）：111-132.

［48］ Bowerman HG，Gough MS，King CM（1999）. "Bi-Steel design and construction guide". British Steel Ltd.

［49］ Bowerman H，Chapman J（2002）. "Bi-steel steel-concrete-steel sandwich construction". *Composite Construction in Steel and Concrete IV*. Washington DC：American Society of Civil Engineers，pp. 656-667. DOI：10. 1061/40616（281）57.

［50］ Roberts T M，Edwards D N，Narayanan R. Testing and Analysis of Steel-Concrete-Steel Sandwich Beams ［J］. Constr. Steel Res，1996. 38（3）：257-279.

［51］ O. Dogan，T. M. Roberts. Fatigue performance and stiffness variation of stud connectors in steel-concrete-steel sandwich systems ［J］. Journal of Constructional Steel Research（IF 1. 327），2011，Vol. 70，pp. 86-92.

［52］ Roberts TM，Edwards DN，Narayanan R（1996）. "Testing and analysis of steel-concrete-steel sandwich beams"，*Journal of Constructional Steel Research*，Vol. 38，No. 3，pp. 257-279. DOI：10. 1016/0143-974X（96）00022-3.

［53］ Dogan O. ，Roberts TM（2011）. "Fatigue performance and stiffness variation of stud connectors in steel-concrete-steel sandwich systems". *Journal of Constructional Steel Research*，Vol. 70，pp. 86-92. DOI：10. 1016/j. jcsr. 2011. 08. 013.

［54］ 聂建国，李法雄. 钢-混凝土组合板的弹性弯曲及稳定性分析 ［J］. 工程力学，2009，10（9）：59-67.

［55］ 吴丽丽，聂建国. 四边简支钢-混凝土组合板的弹性局部剪切屈曲分析 ［J］. 工程力学，2010，27（1）：52-57.

［56］ 吴丽丽，聂建国. 钢-混凝土组合板的弹性剪切屈曲分析 ［J］. 华南理工大学学报（自然科学版），2011，41（3）：622-629.

［57］ 杨悦，刘晶波，樊健生，等. 钢板-混凝土组合板受弯性能试验研究 ［J］. 建筑结构学报，2013，34（10）：24-31.

［58］ 孙锋，潘蓉，孙运轮. 单侧钢板混凝土空心组合板受力性能非线性有限元试验模拟 ［J］. 工业建筑，2014，12：36-40.

［59］ 吴婧姝，潘蓉，孙峰. 钢板混凝土板平面外弯剪性能试验研究 ［J］. 工业建筑，2014，12：17-21.

［60］ 张阳. 钢-混凝土组合板试验及参数研究 ［D］. 西南交通大学，2014.

［61］ Link R A，Elwi A E. Composite Concrete-Steel Plate Walls：Analysis and Behavior ［J］. Journal of Structural Engineering，1995，121（2）：260-271.

［62］ Takeuchi M，Narikawa M，Matsuo I，et al. Study on A Concrete Filled Structure for Nuclear Power Plants [J]. Nuclear engineering and design，1998，179 (2)：209-223.

[63] Emori Katsuhiko. Compressive and shear strengh of concrete filled steel box wall [J]. Steel Structures，2002，26 (2)：29-40.

[64] Varma A H，Malushte S R，Sener K，et al. Steel-Plate Composite (Sc) Walls for Safety Related Nuclear Facilities：Design for In-Plane And Out-of-Plane Demands [J]. .

[65] 聂建国，卜凡民，樊健生. 低剪跨比双钢板-混凝土组合剪力墙抗震性能试验研究 [J]. 建筑结构学报，2011，32 (11)：74-81.

[66] 韦芳芳，查斌，赵海波，等. 双层钢板混凝土组合剪力墙的抗剪性能 [J]. 东南大学学报 (英文版，2012，28 (1). 73-78.

[67] 胡红松，聂建国. 双钢板-混凝土组合剪力墙变形能力分析 [J]. 建筑结构学报，2013，34 (5)：52-6.

[68] 马晓伟，聂建国，陶慕轩，等. 双钢板-混凝土组合剪力墙压弯承载力数值模型及简化计算公式 [J]. 建筑结构学报，2013，34 (4)：99-106.

[69] 黄泽宇. 双钢板混凝土组合剪力墙滞回性能的有限元分析 [J]. 山西建筑，2014，40 (4)：35-37.

[70] 卜凡民，聂建国，樊健生，高轴压比下中高剪跨比双钢板-混凝土组合剪力墙抗震性能试验研究. 建筑结构学报. 2013，(34) 4：91-98.

[71] Nie Jianguo，Zhao Jie，Tang Liang (2007). "Application of Steel Plate and Concrete Composite to Strengthening of Reinforced Concrete Girder. *Bridge construction*，No. 3，pp. 76-79. (in Chinese)，DOI：10. 3969/j. issn. 1003-4722. 2007. 03. 021.

[72] Nie Jianguo，Zhao Jie (2008). "Experimental study on simply supported RC beams strengthened by steel plate-concrete composite technique". *Journal of Building Structures*，Vol. 29，No. 5，pp. 50-56 (in Chinese). DOI：10. 15951/j. tmgcxb. 2008. 12. 010.

[73] 杨勇，霍旭东，薛建阳，周丕健，聂建国. 钢板-混凝土组合桥面板疲劳性能试验研究 [J]. 工程力学. 2011 (08)：37-44.

[74] Ollgaard J. G.，Slutter R. G.，Fisher J. W.. Shear strength of stud connections in light weight and normal weight concrete. Journal of American Institute of Steel Construction，1971，8 (4)：55-64.

[75] 聂建国，孙国良. 钢-混凝土组合梁槽钢剪力连结件基本性能和极限承载力研究 [J]. 郑州工学院学报，1985，02：33-44.

[76] R. Paul Johnson，R. D. Greenwood，K. Van Dalen. Stud shear-connectors in hogging moment regions of composite beams. The Structural Engineer，1969，

47（9）：345-350.

[77] CP117. Composite Construction in Structural Steel and Concrete，1965.

[78] British Standard Institution. BS 5950-3. Structural use of steelwork in building，Part 3：Design in composite construction. London，1990.

[79] 中华人民共和国冶金工业部. 钢结构设计规范 GBJ 17-88 [J]. 北京：中国计划出版社，1989.

[80] 叶梅新，吏林山. 混凝土受拉状态下钢-混凝土组合结构中栓钉的承载力的研究. 长沙铁道学院学报，2003，21（1）：8-12.

[81] 周安，戴航，刘其伟. 栓钉连接件极限承载力及剪切刚度的试验 [J]. 工业建筑. 2007（10）：84-87.

[82] AndrewsE. S. Elementary principles of reinforced concrete construction [R]. Scott，Greenwood and Sons，1912.

[83] Newmark N M，Siese C P，Viest I M. Tests and analysis of composite beams with incomplete interaction [J]. Experimental Stress Analysis，1951，9（1）：75-92.

[84] Wright H. D. The deformation of composite beams with discrete flexible connection [J]. Construct Steel Res. 199（15）：49-64.

[85] 邵永健，朱聘儒，陈忠汉，毛小勇，徐元，宋炜. 钢-混凝土组合梁挠度计算的修正换算截面法 [J]. 建筑结构学报. 2008（02）：99-103.

[86] 聂建国，沈聚敏，袁彦声. 钢-混凝土简支组合梁变形计算的一般公式 [J]. 工程力学，1994，11（1）：21-27.

[87] 王力，霍越群，涂劲. 钢-混凝土组合梁截面刚度的分析 [J]. 哈尔滨工业大学学报，2006，38（2）：199-202.

[88] 张新财，王连广，夏玉民. 预应力钢板夹心混凝土组合板界面剪力分析 [J]. 东北大学学报，2009，30（4）：597-600.

[89] Timoshenko S，Woinowsky-Krieger S. Theory of plates and shells [M]. New York ：McGraw-Hill，1959：378-389.

[90] Sato K. Elastic Buckling of Incomplete Composite Plates [J]. *Journal of Engineering Mechanics*，1992，118（1）：1-19.

[91] Gjelsvik A. Analog-beam method for determining shear-lag effect [J]. *Journal of Engineering Mechanics*，1991，117（7）：1575-1595.

[92] 胡海昌. 各向同性夹层板反对称小挠度的若干问题 [J]. 力学学报，1963，6（1）：53-59.

[93] 周承倜. 弹性稳定理论 [M]. 成都：四川人民出版社，1981：101-104.

[94] Galambos T V. Guide to stability design criteria for metal structures [M]. 4th ed. New York：John Wiley & Sons，Inc，1988：105-107.

[95] Bleich F. Buckling strength of metal structures [M]. New York：McGraw-

Hill，1952：348-356.

[96] Load and Resistance Factor Design Specification for Structural Steel Buildings [S]. American Institute of Steel Construction，Chicago，Illinois，2005.

[97] Astaneh-Asl A. Seismic behavior and design of steel plate shear walls，Steel TIPS report [R]. Structural steel educational council，Jan. 2001.

[98] Astaneh-Asl A. Seismic behavior and design of composite steel plate shear walls [R]. Steel TIPS report，Structural steel educational council，May. 2002.

[99] Zhao Q，Astaneh-AslA. Cyclic Behavior of Traditional and Innovative CompositeShear Walls [J]. Journal of Structural Engineering，February 1，2004，130 (2)：271-284.

[100] 董全利. 防屈曲钢板剪力墙结构性能与设计方法研究 [D]. 北京：清华大学土木系，2007.

[101] Dong Q. L，Guo Y. L Ultimate shear capacity of buckling-restrained steel plate shear walls [C]. Pacific Structural Steel Conference 2007，Wairakei，New Zealand，13-16 March 2007，335-340.

[102] 钢结构设计规范 GB 50017—2003 [S]. 北京：中国计划出版社，2003.

[103] Hognestad E. Concrete stress distribution in ultimate strength design [J]. ACI，Dec，1955，455-479.

[104] 薛伟，胡夏闽，刘加荣. 简支钢-混凝土组合梁挠度计算方法的探讨 [J]. 江苏建筑. 2009 (01)：29-31.

[105] 童根树，夏骏. 考虑滑移影响的钢-混凝土组合梁的刚度 [J]. 建筑钢结构进展. 2008 (06).

[106] 聂建国，沈聚敏，余志武. 考虑滑移效应的钢-混凝土组合梁变形计算的折减刚度法. 土木工程学报，1995，28 (6)：11-17.

[107] 中华人民共和国建设部. 混凝土结构设计规范 GB 50010—2010 [S]. 北京：中国计划出版社，2003.

[108] T. M. Roberts，D. N. Edwards，R. Narayanan. Testing and analysis of steel-concrete-steel sandwich beams. Journal of Constructional Steel Research，1996，38 (3)：257-279.

[109] Y. C. Wang. Deflection of steel-concrete composite beams with partial shear interaction. Journal of Structural Engineering，1998，124 (10)：1159-1165.

[110] 聂建国. 钢-混凝土组合梁强度、变形和裂缝的研究 [博士后研究工作出站报告]. 北京：清华大学土木工程系，1994.

[111] 过镇海. 钢筋混凝土原理 [M]. 北京：清华大学出版社，1999.

[112] 王仁，熊祝华，黄文彬. 塑性力学基础 [M]. 北京：科学出版社，1998.